Forschungshefte aus dem
Gebiete des Stahlbaues

Herausgegeben vom
Deutschen Stahlbau-Verband, Berlin

Heft 4

Biegeschwingungen eines Stabes mit kleiner Vorkrümmung,
exzentrisch angreifender pulsierender Axiallast
und statischer Querbelastung

Von

Dr. rer. techn. habil. **E. Mettler**
Oberhausen-Sterkrade

Der *n*-stielige Stockwerksrahmen ist *n*-fach unbestimmt

Von

Dipl.-Ing. **A. Thoms**
Hamburg

Mit 38 Textabbildungen

Berlin
Springer-Verlag
1941

ISBN-13:978-3-7091-9729-5   e-ISBN-13:978-3-7091-9976-3
DOI: 10.1007/978-3-7091-9976-3

**Alle Rechte, insbesondere das der Übersetzung
in fremde Sprachen, vorbehalten.**
Copyright 1941 by Springer-Verlag OHG. in Berlin.

Inhaltsverzeichnis.

Biegeschwingungen eines Stabes mit kleiner Vorkrümmung, exzentrisch angreifender pulsierender Axiallast und statischer Querbelastung.
Von Dr. rer. techn. habil. E. Mettler, Oberhausen-Sterkrade.

	Seite
1. Einleitung	1
2. Aufstellung der grundlegenden Differentialgleichung	3
3. Mathematische Behandlung der Differentialgleichung	6
a) Allgemeine Aussagen über die Lösung	7
b) Die Lösung der homogenen Gleichung	8
c) Die Lösung der inhomogenen Gleichung	9
Berechnung von $V(s)$ für $q \geqq 0{,}7$	10
Berechnung von $V(s)$ für $q < 0{,}7$	13
4. Die Stabschwingungen	16
5. Beispiele und praktische Folgerungen	20
1. Beispiel	20
2. Beispiel	20
a) Schwingungen in lotrechter Richtung	21
b) Schwingungen in waagerechter Richtung	21
Praktische Folgerungen	23
6. Zusammenfassung	23

Der n-stielige Stockwerksrahmen ist n-fach unbestimmt.
Über ein Verfahren zur Berechnung hochgradig statisch unbestimmter Systeme mit der kleinstmöglichen Anzahl Unbekannter.
Von Dipl.-Ing. A. Thoms, Hamburg.

Einleitung	24
Das Wesentliche der β_{nn}-Linien	25
1. Die Belastungsbeiwerte β_{ik}	25
2. Der Momentenverlauf $\overline{M}_{\beta n} = \sum\limits_{i=1}^{z} \beta_{ni} \cdot M_i \, (\beta_{nn}\text{-Linie})$	26
3. Der Verlauf der β_{nn}-Linien bei beliebig gekrümmten Systemen	27
4. Die β_{nn}-Linien gerader Stäbe gleichbleibenden Querschnitts	28
5. Beziehungen zwischen den Einflußlinien starr gestützter Systeme und ihren Ableitungen erster und zweiter Ordnung	29
6. β_{nn}-Linien und voneinander unabhängige Gruppenlasten	31
7. Sätze über die β_{nn}-Linien	32
β_{nn}-Linien, Rechteckrahmen und Deformationsmethode	33
8. Die β_{nn}-Linien starr gestützter Rechteckrahmen mit waagerecht frei beweglichen Riegeln und die Verträglichkeitsbedingungen	33
9. Ermittlungen einer β_{nn}-Linie eines einstöckigen, harmonischen Rechteckrahmens	36
10. Die frei wählbaren Ordinaten der eingespannten und durch unteren Riegel abgeschlossenen einstöckigen Rahmen	40
11. Die frei wählbaren Ordinaten der starr gestützten Stockwerksrahmen	41
12. Die β_{nn}-Linien der „harmonischen" Stockwerksrahmen	43
13. Die β_{nn}-Linien der Vierendeelträger	45

	Seite
Tafeln und Formeln zur Berechnung der Rechteckrahmen	45
14. Tafeln zur Ermittlung der β_{nn}-Linien bei Stäben mit gleichbleibendem Querschnitt	45
15. Formeln für die maximale Laststellungen bei geraden Stäben gleichbleibenden Querschnitts	47
Einfluß der Riegellasten	47
Maximale Laststellungen	48
Einfluß der Stützenlasten	49
16. Vergleich der β_{nn}-Linien von Durchlaufbalken, einstöckigem und Stockwerksrahmen	49
Allseitig gelagerte rechteckige Trägerroste und Durchlaufbalken	51
17. Die β_{nn}-Linien allseitig gelagerter viereckiger Trägerroste	51
18. Die β_{nn}-Linien der Durchlaufbalken	53
19. Die β_{nn}-Linien der Durchlaufbalken über gleichen Öffnungen	54
Die Einflußlinien der Stabwerke mit beliebig gekrümmten Stäben	58
20. Ermittlung von Einflußlinien mit Hilfe der Beziehung (33). $F_{(x)} = \int Q_P^{(0)} \cdot F'_{(x)} dx = -\int M_P^{(0)} \cdot F''_{(x)} dx$	58
Schlußbemerkung	60
Schrifttums-Verzeichnis	61

Biegeschwingungen eines Stabes mit kleiner Vorkrümmung, exzentrisch angreifender pulsierender Axiallast und statischer Querbelastung[1].

Von Dr. rer. techn. habil. **E. Mettler**, Oberhausen-Sterkrade.

Mit 10 Abbildungen.

1. Einleitung.

In einer vor Jahresfrist veröffentlichten Arbeit[2] des Verfassers, die im folgenden mit (I) bezeichnet werde, wurden die Biegeschwingungen eines geraden Stabes auf zwei Stützen behandelt, der durch eine zentrisch angreifende schwingende Axialkraft beansprucht wird. Die Untersuchung brachte als ein Hauptergebnis die Feststellung, daß die Gefahr der Aufschaukelung der Stabschwingungen durch die äußere Kraft in erster Linie dann besteht, wenn der Stab mit seiner Eigenfrequenz, die äußere Kraft aber doppelt so rasch schwingt. Diese Tatsache ist anschaulich einleuchtend und bemerkenswert durch ihren Gegensatz zu der bekannten Aussage der Schwingungslehre, wonach ein elastisches System nur dann in Resonanz mit einer erregenden Kraft kommen kann, wenn Systemeigenfrequenz und Erregerfrequenz übereinstimmen.

Tritt eine solche Übereinstimmung bei dem durch schwingende Axialkräfte angeregten Stab ein, so besteht, wie die genannte Untersuchung (I) weiter ergab, unter den Verhältnissen der Praxis kaum eine Resonanzgefahr, so daß also der sonst übliche Resonanzfall „Erregerfrequenz gleich Eigenfrequenz" hier weitgehend zurücktritt gegenüber dem besonderen Resonanzfall „Erregerfrequenz gleich doppelter Eigenfrequenz".

Indes ist offenbar die letzterwähnte Folgerung an die in allen Ableitungen von (I) gemachten idealisierenden Voraussetzungen gebunden, daß der Stab unbelastet vollkommen gerade ist, keine Querbelastung trägt und von der Längskraft genau zentrisch beansprucht wird. Unter diesen Voraussetzungen wird nämlich das Biegemoment der äußeren Kraft, das ja für die Ausbiegungen des Stabes maßgebend ist, nach Größe und Frequenz nicht durch die äußere Kraft allein, sondern in gleichem Maße auch durch die Schwingungen des Stabes bestimmt, so daß es mit einer anderen Frequenz als die äußere Kraft pulsiert und dadurch zu den oben genannten eigentümlichen Resonanzverhältnissen Anlaß gibt. Dies wird besonders deutlich, wenn man daneben den Stab unter schwingender Querbelastung betrachtet: Bei ihm schwingt das Biegemoment der Last unbeeinflußt durch die Stabschwingungen mit der durch die äußere Kraft gegebenen Frequenz und Amplitude, und der Stab zeigt dementsprechend normale Resonanz bei Zusammentreffen der äußeren mit einer Eigenfrequenz.

Ist nun die Achse des durch schwingende Längskräfte angeregten Stabes ursprünglich nicht ganz gerade oder greift die Last nicht genau zentrisch an, so wird dadurch ein zusätzliches Biegemoment in den Stab eingeleitet, das infolge des fest gegebenen Hebelarmes unabhängig von den Stabschwingungen im Takte der äußeren Frequenz schwingt, gerade so, als ob es von einer schwingenden Querbelastung herrührte. Für dieses zusätzliche Biegemoment wird deshalb der Grundsatz der Schwingungslehre wieder in sein Recht eintreten,

---

[1] Mitteilung aus der Forschungsabteilung der GHH Oberhausen-Sterkrade (Prof. Dr.-Ing. O. Flachsbart).
[2] Mettler, E.: Biegeschwingungen eines Stabes unter pulsierender Axiallast. Mitt. Forsch.-Anst. GHH-Konzern 8 (1940) S. 1.

wonach Resonanz dann entsteht, wenn erregende Frequenz und Eigenfrequenz zusammenfallen. Daß auch noch weitere Resonanzmöglichkeiten vorhanden sind, läßt sich anschaulich nicht mehr so leicht erkennen.

Die vorliegende Arbeit will diese Verhältnisse einer genaueren theoretischen Behandlung unterziehen. Sie betrachtet wie gesagt den Fall, daß die schwingende Längskraft den Stab beabsichtigt oder unbeabsichtigt exzentrisch angreift und daß die Stabachse bei Fortfall der erregenden Kraft eine stationäre Ausbiegung zeigt, die durch eine statische Quer- oder Längsbelastung erzeugt sein kann oder dem Stab infolge einer bei der Herstellung entstandenen kleinen Vorkrümmung eigen sein mag oder schließlich aus allen Ursachen gleichzeitig resultiert[1]. Hinsichtlich der statischen Querbelastung wollen wir uns, um die Rechnung nicht zu kompliziert werden zu lassen, auf die gleichmäßig über die Stablänge verteilte Last beschränken. In unseren Annahmen über die Größe aller Lasten bleiben wir bei den normalen Verhältnissen der technischen Praxis (Hauptvoraussetzung: Amplitude der schwingenden Längskraft klein gegen die Differenz aus der Eulerschen Knicklast und dem statischen Längsdruck). Der mit den angegebenen Fällen verwandte Lastfall gleichzeitig und unabhängig voneinander wirkender schwingender Längs- und Querbelastungen soll in allgemeinerem Rahmen in einer späteren Arbeit untersucht werden.

Es ist eine Eigentümlichkeit des hier behandelten Problemkreises des Stabes unter pulsierender Axiallast, daß die Dämpfung nicht wie beim Stab unter schwingender Querlast vernachlässigt werden darf, sondern in den Ergebnissen eine oft entscheidende Rolle spielt. Dies hat sich in (I) gezeigt und wird sich in der vorliegenden Arbeit wieder bestätigen. Man würde bei Vernachlässigung der Dämpfung eine große Menge von Resonanzstellen ausrechnen, die tatsächlich keineswegs vorhanden sind. Die Dämpfung ist aber infolge ihrer vielfältigen Zusammensetzung aus innerer Reibung und Hysteresis im Werkstoff, Luftreibung und Auflagerreibung theoretisch kaum einwandfrei zu berücksichtigen, ohne daß man auf die größten rechnerischen Schwierigkeiten stößt. Auch scheinen für praktisch in technischen Tragwerken eingebaute Stäbe Erfahrungswerte über die Gesamtdämpfung bei Biegeschwingungen nicht vorzuliegen. Man rechnet also in Untersuchungen der vorliegenden Art mit einer Größe, die man weder dem Betrage nach genau kennt noch formelmäßig richtig einführen kann. Wenn wir solche Untersuchungen trotzdem durchführen und dabei einen

---

[1] Eine kürzlich erschienene Arbeit von Herrn Dr.-Ing. habil. K. Jäger, Die Festigkeit leichtgekrümmter Druckstäbe aus Stahl bei schwingender Belastung, Stahlbau Bd. 13 (1940) S. 128, mit einer Ergänzung in Stahlbau Bd. 14 (1941) S. 32, behandelt teilweise dieselbe Aufgabe. Es sei hier auf die wesentlichen Unterschiede zwischen den Jägerschen und den vorliegenden Untersuchungen hingewiesen.

Jäger betrachtet die Erregerfrequenz als feste Konstante und untersucht, bei welcher Größe der schwingenden Axiallast das Gleichgewicht zwischen den inneren und äußeren Kräften infolge Plastizierung des Stabwerkstoffs durch die erzwungenen Schwingungen eben nicht mehr möglich ist. Er bezeichnet dann die zugehörige Lastspitze als kritische Last, die das „Tragvermögen" des Stabes angibt. Resonanzfälle zieht er dabei nicht in Betracht.

Demgegenüber habe ich in der vorliegenden Arbeit die Frage in den Vordergrund gestellt, wie die Schwingungen des axial pulsierend belasteten Stabes von der Erregerfrequenz abhängen, und habe dabei im Hinblick auf die Tatsache, daß in der heutigen Bautechnik häufig mehr oder weniger rasch laufende Maschinen auf elastischen Tragwerken aufgestellt werden, ganz allgemein die verschiedensten Werte der Erregerfrequenz in die Betrachtung einbezogen. Von diesem Standpunkt aus erscheint es mir nicht angezeigt, den Begriff der kritischen Last oder des Tragvermögens (im Jägerschen Sinne) einzuführen, denn dieser der statischen Stabilitätstheorie entstammende Begriff bezeichnet bei schwingender Last nicht mehr einen eindeutigen Kennwert des Stabes, sondern eine sich mit der erregenden Frequenz ändernde Größe. In den Resonanzfällen kann ja schon eine schwingende Kraft, die nur einen ganz kleinen Bruchteil der statischen Knicklast ausmacht, den Stab zerstören, während dieselbe Kraft, mit anderer Frequenz pulsierend, vollständig ungefährlich ist.

In mathematischer Hinsicht sei bemerkt, daß die Näherungslösung (12), die Jäger aus seiner Differentialgleichung (10) ableitet [und ebenso die entsprechende Lösung seiner Gleichung (26)] insofern von der strengen und vollständigen Lösung abweicht, als die letztere erstens noch das Integral der zugehörigen homogenen Differentialgleichung enthält und zweitens nicht nur die eine Unendlichkeitsstelle $\omega = \omega_1$, sondern deren unendlich viele für $\omega = \dfrac{2}{n}\omega_1$ ($n = 1, 2 \ldots$) besitzt, wie aus der Theorie der linearen Differentialgleichungen mit periodischen Koeffizienten folgt. Näheres geht aus Abschnitt 3 der vorliegenden Arbeit hervor. Die stets vorhandene Dämpfung verwischt zwar die meisten dieser Unendlichkeitsstellen (Resonanzstellen), aber einige bleiben doch erhalten oder werden in endliche Maxima umgewandelt und dürfen insbesondere bei den von Jäger betrachteten großen Amplituden der schwingenden Last nicht außer acht gelassen werden. Vgl. dazu das Referat von K. Klotter im Zbl. Mech. Bd. 11 (1941) S. 28.

zwar im allgemeinen von der Wirklichkeit abweichenden, aber der Rechnung zugänglichen Dämpfungsansatz benutzen, so gehen wir dabei von der Erwartung aus, daß man mit diesem Verfahren das Schwingungsverhalten unseres Stabes in seinen Grundzügen wenigstens qualitativ, wahrscheinlich aber auch ganz roh quantitativ klären kann, und daß schon dies für die Praxis wichtig ist. Im übrigen ist geplant, die Richtigkeit der theoretischen Ergebnisse durch vergleichende Versuche nachzuprüfen.

2. Aufstellung der grundlegenden Differentialgleichung.

Wir betrachten einen Stab mit konstantem Querschnitt, der in unbelastetem Zustand nicht ganz gerade ist, sondern in Richtung einer Querschnittshauptachse eine kleine Ausbiegung aufweist. Die x-Achse eines Koordinatensystems liege in der Verbindungsgeraden der Schwerpunkte der beiden Endquerschnitte, die y-Achse senkrecht dazu in der Ebene der Ausbiegung, der Nullpunkt in einem Stabende (Abb. 1). Der Stab sei an beiden Enden gelenkig gelagert; mindestens ein Ende sei außerdem in x-Richtung verschieblich. Wir nehmen an, daß der Stab durch zwei entgegengesetzt gleiche, in der x-y-Ebene parallel zur x-Achse exzentrisch mit den gleichen Hebelarmen e wirkende schwingende Endkräfte

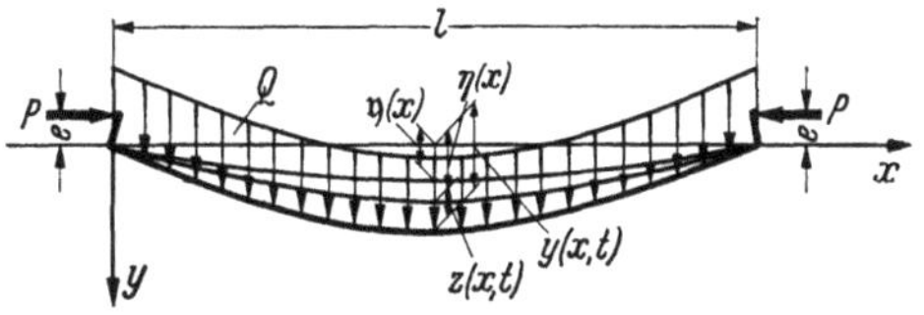

(1) $$P = P_0 + P_1 \cos \omega t$$

(P_0, P_1 und ω Konstante, t Zeit) belastet ist, die wir als Druck positiv rechnen. Ferner werde der Stab in y-Richtung durch das statische Biegemoment $M_0(x)$, herrührend von der gleichmäßig über die Stablänge verteilten Querlast Q, beansprucht. Die infolge sämtlicher Lasten entstehenden Gesamtspannungen sollen aber die Elastizitätsgrenze des Materials nicht überschreiten. Überdies seien die Stabausbiegungen so klein, daß die Sehnenlänge immer als Konstante betrachtet werden kann, die wir mit l bezeichnen.

Abb. 1. Der belastete Stab im Koordinatensystem.

Wir rechnen die Ausbiegungen des Stabes zunächst alle von der geraden x-Achse aus. Es sei (vgl. Abb. 1)

$y = \mathfrak{y}(x)$ die anfängliche spannungslose Ausbiegung,

$y = \eta(x)$ die statische Ausbiegung unter der Wirkung der konstanten Längskraft P_0 und der Querlast Q,

$y = y(x, t)$ die Gesamtausbiegung während der Schwingung.

Ferner bezeichnen wir das Trägheitsmoment des Querschnitts bei Ausbiegung in y-Richtung mit J, die Masse von Stab plus Querbelastung pro Längeneinheit mit μ[1] und den Elastizitätsmodul des Materials mit E.

Ist M das Biegemoment aller wirkenden Kräfte (einschließlich der Trägheits- und Reibungskräfte während der Schwingung), so gilt nach dem D'Alembertschen Prinzip auch in der Bewegung des Stabes die bekannte aus der Statik abgeleitete Grundgleichung[2]

(2) $$\frac{\partial^2 y}{\partial x^2} - \frac{d^2 \mathfrak{y}}{d x^2} = - \frac{M}{EJ}$$

Das Biegemoment

(3) $$M = M_0(x) + P(y + e) + M_{Tr} + M_D$$

setzt sich zusammen aus dem statischen Moment $M_0(x)$, dem Moment $P(y+e)$ der Längskraft P, dem Biegemoment M_{Tr} der Trägheitskraft pro Längeneinheit $-\mu \frac{\partial^2 y}{\partial t^2}$ (wobei die Rotationsträgheit der Stabelemente wie üblich vernachlässigt ist) und dem Biegemoment M_D der Dämpfungskraft pro Längeneinheit, für die wir wie in (I) den vereinfachenden Ansatz

---

[1] Normalerweise schwingt die Last mit dem Stab, deshalb muß ihre Masse mit in Ansatz gebracht werden. Gleichförmig verteilte Lasten ergeben ein konstantes μ. Andere Lastverteilungen bedingen ein mit x veränderliches μ und führen auf große rechnerische Schwierigkeiten. Das ist der Grund, weshalb wir uns auf gleichförmig verteilte Lasten bzw. Massen beschränken.

[2] Vgl. z. B. A. Föppl, Vorlesungen über technische Mechanik, Bd. 3, 9. Aufl., S. 199. Berlin 1922.

$-\zeta \frac{\partial y}{\partial t}$ machen. Es sei hier wiederholt, daß dieser Ansatz, der die Dämpfung als proportional der Geschwindigkeit $\partial y/\partial t$ mit einem Proportionalitätsfaktor ζ annimmt, die Wirklichkeit nicht genau trifft, daß er aber aus Gründen, die am Schluß der Einleitung auseinandergesetzt wurden, beibehalten werden soll.

Wie in (I) muß auch hier auf eine Voraussetzung hingewiesen werden, welche die Verwendungsmöglichkeit der Biegegleichung (2) zusammen mit (1) und (3) für die Berechnung der Stabbewegung in geringem Grade einschränkt: Die Frequenz ω der erregenden Kraft (1) darf nicht so groß werden, daß merkliche Longitudinalschwingungen im Stabe entstehen. Wenn nämlich Längsschwingungen auftreten, so nimmt die Längskraft im Stab nicht mehr entlang der ganzen Stabachse gleichzeitig den Wert der äußeren Last P an, so daß man in (3) für P nicht mehr den Ausdruck (1) einsetzen darf. Wir müssen also die Größe der Frequenz ω durch die Bedingung nach oben begrenzen, daß ω wesentlich kleiner bleibt als die kleinste Eigenfrequenz der Längsschwingungen des Stabes. Diese Einschränkung ist nicht schwerwiegend, da die Längseigenschwingungen normalerweise sehr hohe Frequenzen haben.

Es ist nun zweckmäßig, die Schwingungsausschläge des Stabes nicht von der x-Achse aus zu rechnen, sondern von der statischen Biegelinie $\eta(x)$ aus, mit anderen Worten die neue Variable

$$(4) \qquad z(x,t) = y(x,t) - \eta(x)$$

einzuführen (Abb. 1), die mit y und η an den Stabenden verschwindet. Die Differentialgleichung für $\eta(x)$ erhält man, wenn man in (2) bzw. (3)

$$M_{Tr} = M_D = P_1 = 0 \quad \text{und} \quad y = \eta$$

setzt:

$$(5) \qquad \frac{d^2\eta}{dx^2} - \frac{d^2\mathfrak{y}}{dx^2} = -\frac{M_0(x) + P_0(\eta + e)}{EJ}.$$

Ziehen wir (5) von (2) ab und bringen den Faktor EJ nach links, so kommt unter Berücksichtigung von (3) und (4)

$$(6) \qquad EJ\frac{\partial^2 z}{\partial x^2} = -[Pz + M_{Tr} + M_D + P_1(\eta + e)\cos\omega t].$$

Nach (4) kann man für die Trägheitskraft und die Dämpfungskraft, aus denen die Momente M_{Tr} und M_D gebildet werden, selbstverständlich auch $-\mu\frac{\partial^2 z}{\partial t^2}$ und $-\zeta\frac{\partial z}{\partial t}$ setzen.

Man kann der Gleichung (6) eine einfache mechanische Deutung geben. Würde nämlich in (6) rechts das Glied $P_1(\eta+e)\cos\omega t$ wegfallen, so hätte man offenbar die Biegegleichung eines geraden Stabes vor sich, der außer durch die Momente der Trägheits- und Dämpfungskraft lediglich durch das Moment Pz der Längskraft (1) belastet ist, also die Schwingungsgleichung des geraden Stabes unter einer zentrisch angreifenden pulsierenden Axiallast. Ein derartiger Stab wurde in (I) behandelt. Seine eben genannte Biegegleichung läßt sich übrigens durch zweimaliges Differentiieren nach x sofort in die in (I) benutzte Schwingungsdifferentialgleichung [Gl. (3) von (I)] zurückführen. Nach (6) ist der Stab zusätzlich durch das bekannte schwingende Biegemoment $P_1(\eta+e)\cos\omega t$ beansprucht. *Wir haben also unser Problem des vorgekrümmten Stabes mit außermittig angreifender pulsierender Axiallast zurückgeführt auf das Problem des geraden Stabes mit zentrischer schwingender Axiallast und einem synchron schwingenden zusätzlichen Biegemoment.*

Wir machen nun für die die Schwingung des Stabes beschreibende Funktion $z(x,t)$ einen in der Theorie der erzwungenen Stabschwingungen häufig gebrauchten Ansatz[1], und zwar führen wir z als eine nach den Eigenschwingungsformen $\sin\frac{k\pi x}{l}$ des Stabes fortschreitende Reihe mit zeitabhängigen Koeffizienten ein

$$(7) \qquad z = \sum_{k=1}^{\infty} v_k(t) \sin\frac{k\pi x}{l}.$$

---

[1] Zu den hier benutzten allgemeinen Methoden der Stabschwingungstheorie vergleiche K. Hohenemser und W. Prager, Dynamik der Stabwerke, Berlin 1933, hauptsächlich Kapitel IIB, oder F. Bleich, Stahlhochbauten, Bd. 1 S. 417ff. Berlin 1932.

Die so dargestellte Funktion z verschwindet an den Stabenden, wie es für den beiderseits gestützten Stab sein muß, und wird also, sofern sie der Momentgleichung (6) genügt, was man durch geeignete Bestimmung der v_k erreichen kann, die Bewegung des Stabes zutreffend wiedergeben.

Um die unbekannten Koeffizienten $v_k(t)$ bestimmen zu können, entwickeln wir alle auf der rechten Seite von (6) stehenden Momente gleichfalls in nach $\sin\frac{k\pi x}{l}$ fortschreitende trigonometrische Reihen. Zunächst ist das von x unabhängige Moment

(8) $$P_1 e \cos \omega t = \frac{4 P_1 e}{\pi} \cos \omega t \sum_{k=1}^{\infty} g_k \sin \frac{k\pi x}{l}$$

mit

(9[1]) $$\begin{cases} g_k = \frac{1}{k} & \text{für ungerade } k \\ g_k = 0 & \text{für gerade } k. \end{cases}$$

Weiter müssen wir $\eta(x)$ entwickeln

(10) $$\eta(x) = \sum_{k=1}^{\infty} \eta_k \sin \frac{k\pi x}{l}$$

und gewinnen die Koeffizienten η_k aus (5). Dort sind $M_0(x)$ und $\mathfrak{y}(x)$ als bekannte Funktionen von x anzusehen und in ihre Fourierreihen

(11) $$\mathfrak{y}(x) = \sum_{k=1}^{\infty} f_k \sin \frac{k\pi x}{l},$$

(12) $$M_0(x) = \sum_{k=1}^{\infty} m_k \sin \frac{k\pi x}{l}$$

zu entwickeln. Es wird

(12a[2]) $$\begin{cases} m_k = 0 & \text{für gerade } k, \\ m_k = \frac{4 Q l}{\pi^3} \cdot \frac{1}{k^3} & \text{für ungerade } k \end{cases}$$

während die f_k von der ursprünglichen Gestalt der Stabachse abhängen und nicht allgemein angebbar sind.

Außerdem ist entsprechend (8)

(13) $$P_0 e = \frac{4 P_0 e}{\pi} \sum_{k=1}^{\infty} g_k \sin \frac{k\pi x}{l}.$$

Die vier Reihen (10) bis (13) werden in (5) eingesetzt. Dann ergibt sich, wenn man die Koeffizienten von $\sin\frac{k\pi x}{l}$ in der üblichen Weise zusammenfaßt und gleich Null setzt,

$$-\left(\frac{k\pi}{l}\right)^2 (\eta_k - f_k) + \frac{m_k + P_0\left(\eta_k + \frac{4e}{\pi} g_k\right)}{EJ} = 0$$

und daraus mit der Abkürzung $P_E = EJ\left(\frac{\pi}{l}\right)^2$ (Eulersche Knicklast des geraden Stabes bei Ausknicken in der y-Richtung)

(14) $$\eta_k = \frac{k^2 P_E f_k + m_k + \frac{4}{\pi} e P_0 g_k}{k^2 P_E - P_0}.$$

Damit ist die Entwicklung (10) von $\eta(x)$ bekannt.

Schließlich müssen noch die in (6) stehenden Momente M_{Tr} und M_D durch trigonometrische Reihen dargestellt werden. Aus (7) erhält man die Ableitungen $\frac{\partial z}{\partial t}$ und $\frac{\partial^2 z}{\partial t^2}$, indem man in den Reihengliedern $\frac{dv_k}{dt}$ bzw. $\frac{d^2 v_k}{dt^2}$ statt $v_k(t)$ schreibt. Die Dämpfungskraft $-\zeta\frac{\partial z}{\partial t}$ und die Trägheitskraft $-\mu\frac{\partial^2 z}{\partial t^2}$ sind damit rein formal als Funktionen von x gegeben, und zwar als Summen sinusförmig verteilter Streckenlasten, und wir haben daraus wiederum rein

---

[1] Hütte, Bd. 1, S. 190, 26. Aufl.
[2] Diese Fourierkoeffizienten lassen sich in bekannter Weise aus dem parabelförmigen Biegemoment $M_0(x)$ der Gleichlast ausrechnen.

formal nach den Regeln der Statik die Biegemomente M_D und M_{Tr} zu bilden. Es darf nun als bekannt vorausgesetzt werden, daß eine sinusförmige Streckenlast $p \sin \frac{k\pi x}{l}$ in einem beiderseits gestützten Balken ein gleichfalls sinusförmiges Biegemoment $p \left(\frac{l}{k\pi}\right)^2 \sin \frac{k\pi x}{l}$ hervorruft. Damit kennt man von jedem Reihenglied der Trägheits- und Dämpfungskraft das zugehörige Biegemoment, und man erhält durch Summierung dieser Teilmomente die Ausdrücke

$$(15) \qquad M_{Tr} = -\mu \left(\frac{l}{k\pi}\right)^2 \sum_{k=1}^{\infty} \frac{d^2 v_k}{dt^2} \sin \frac{k\pi x}{l},$$

$$(16) \qquad M_D = -\zeta \left(\frac{l}{k\pi}\right)^2 \sum_{k=1}^{\infty} \frac{dv_k}{dt} \sin \frac{k\pi x}{l}.$$

Jetzt kann man die Differentialgleichung für die unbekannten Koeffizienten $v_k(t)$ von (7) aufstellen, indem man die Reihen (7), (8), (10), (15) und (16) in (6) einführt und wiederum die Koeffizienten von $\sin \frac{k\pi x}{l}$ vergleicht. Es ergibt sich nach kurzer Rechnung die Gleichung

$$(17) \qquad \frac{d^2 v_k}{dt^2} + \beta \frac{dv_k}{dt} + \frac{1}{\mu}\left(\frac{k\pi}{l}\right)^2 (k^2 P_E - P_0 - P_1 \cos \omega t) v_k = \frac{P_1}{\mu}\left(\frac{k\pi}{l}\right)^2 \left(\eta_k + \frac{4e}{\pi} g_k\right) \cos \omega t,$$

worin $\zeta/\mu = \beta$ gesetzt ist.

Um (17) eine übersichtlichere Form zu geben, führen wir die neue unabhängige Variable

$$(18) \qquad s = \omega t$$

ein und benutzen außerdem die Abkürzungen

$$(19^1) \qquad \vartheta_k = \frac{\beta \pi}{\omega_k}, \quad \varepsilon_k = \frac{P_1}{k^2 P_E - P_0}, \quad q_k = \frac{\omega}{\omega_k},$$

$$(19a) \qquad h_k = \eta_k + \frac{4e}{\pi} g_k.$$

Darin ist

$$(20) \qquad \omega_k = \frac{k\pi}{l} \sqrt{\frac{1}{\mu}(k^2 P_E - P_0)}$$

die bekannte k-te Eigenfrequenz des ungedämpften ($\zeta = 0$), durch die konstante Längskraft P_0 belasteten Stabes [vgl. (I), S. 3]. Man erhält für ω_k immer denselben Ausdruck, gleichgültig ob eine Exzentrizität e des Lastangriffs, eine Vorkrümmung $\mathfrak{y}(x)$ und eine statische Querlast Q vorhanden ist oder nicht. Das folgt aus der Tatsache, daß für $P_1 = 0$, d. h. für den Fall der Eigenschwingungen des Stabes, Gl. (6) wie erwähnt in die Schwingungsgleichung des zentrisch belasteten geraden Stabes übergeht. Die Größe ϑ_k in (19) stellt das logarithmische Dekrement der gedämpften k-ten Eigenschwingung des Stabes dar [vgl. (I), S. 11]. Gl. (17) geht mit den Abkürzungen (19) und der Veränderlichen (18) nach einigen Zwischenrechnungen über in die grundlegende Differentialgleichung

$$(21) \qquad q_k^2 \frac{d^2 v_k}{ds^2} + \frac{\vartheta_k}{\pi} q_k \frac{dv_k}{ds} + (1 - \varepsilon_k \cos s) v_k = \varepsilon_k h_k \cos s,$$

deren Lösung uns über den zeitlichen Verlauf der Stabschwingungen Aufschluß geben wird.

3. Mathematische Behandlung der Differentialgleichung.

Im folgenden Abschnitt beschäftigen wir uns mit der rein mathematischen Aufgabe der Lösung der Differentialgleichung (21). Der Einfachheit halber lassen wir in (21) überall den Index k weg und setzen außerdem $h_k = 1$, gehen also von der Gleichung

$$(22) \qquad q^2 \frac{d^2 v}{ds^2} + \frac{\vartheta}{\pi} q \frac{dv}{ds} + (1 - \varepsilon \cos s) v = \varepsilon \cos s$$

---

[1] Die Größen (19) stimmen mit den in (I) benutzten Größen ϑ, ε und q überein. Das ε von (I) hat zwar formal eine etwas andere Bedeutung als das ε_k aus (19) und unterscheidet sich von dem letzteren durch einen Faktor, der gleich dem Quadrat des Quotienten aus der ungedämpften und der gedämpften Stabeigenfrequenz ist, [(I), Gleichung (12)]. Doch hat dieser Quotient bei den von uns vorausgesetzten kleinen Dämpfungen praktisch den Wert Eins, so daß die beiden ε tatsächlich dasselbe bedeuten.

aus. Um von der Lösung v dieser Gleichung auf die Funktion v_k des vorigen Abschnitts zu kommen, wird es dann lediglich nötig sein, v mit $h_k = \eta_k + \dfrac{4e}{\pi} g_k$ zu multiplizieren.

Große Genauigkeit braucht bei der Rechnung nicht angestrebt zu werden angesichts der Ungenauigkeit, die, wie am Schluß der Einleitung auseinandergesetzt, schon in der Ausgangsgleichung enthalten ist. Unser Ziel ist deshalb, die wesentlichen Eigenschaften der Lösung grundsätzlich klarzulegen und darüber hinaus die Größenordnung der Ausschläge im Bereich der wahrscheinlichsten Dämpfungswerte festzustellen, wobei wir mit Vereinfachungen und Vernachlässigungen weniger wichtiger Glieder nicht allzu bedenklich zu verfahren brauchen.

Es ist nun im Interesse solcher Vereinfachungen der Rechnung sehr wichtig, daß man sich von vorneherein die praktisch auftretende Größenordnung der in (22) stehenden Parameter q, ε und ϑ vor Augen hält. Wir machen deshalb zuerst einige Angaben über diese Größen.

Der Parameter q kann nach (19) mit ω alle positiven Werte annehmen.

ε ist eine kleine positive Zahl. Sie fällt nach (19) im allgemeinen am größten für $k = 1$ aus. Aber auch dann wird der Nenner $P_E - P_0$ praktisch stets erheblich größer sein als der Zähler P_1, denn einerseits hält man die Axialkraft P_0 aus Sicherheitsgründen in ziemlichem Abstand von der Eulerlast P_E, was praktisch durch Knickvorschriften festgelegt ist, und anderseits wird man auch niemals zulassen, daß die Amplitude P_1 des schwingenden Lastanteils einen größeren Bruchteil der Knicklast P_E ausmacht. Wir beschränken uns deshalb auf $\varepsilon \leq 0,1$ und erfassen damit sicherlich die überwiegende Mehrzahl aller praktisch vorkommenden Fälle. Man vergleiche dazu die Zahlenbeispiele des 5. Abschnitts.

Das logarithmische Dekrement ϑ der freien Stabschwingungen ist gleichfalls eine kleine Zahl, wenigstens solange man den Fall ausschließt, daß P_0 nahezu mit P_E zusammenfällt, was wir hier voraussetzen [vgl. dazu (I), S. 11]. Wir führen unsere Rechnung für ϑ-Werte zwischen $\vartheta = 0,001$ und $\vartheta = 0,05$ durch, also für ein Intervall, das die aus den Ausschwingversuchen bekannten Dekremente der Werkstoffdämpfung der üblichen Baustoffe[1] einschließlich eines gewissen Zuschlags für Auflagerreibung ziemlich überdecken dürfte. Wir kommen darauf in Abschnitt 4 noch einmal zurück.

a) Allgemeine Aussagen über die Lösung.

Die Gleichung (22) stellt eine inhomogene lineare Differentialgleichung zweiter Ordnung dar. Die allgemeine Lösung einer solchen Gleichung hat bekanntlich die Form

$$v(s) = v^h(s) + V(s).$$

Darin ist $v^h(s) = c_1 \xi_1(s) + c_2 \xi_2(s)$ die allgemeine Lösung der zu (22) gehörenden homogenen Differentialgleichung [die aus (22) durch Nullsetzen von $\varepsilon \cos s$ entsteht] mit den beiden Partikularlösungen $\xi_1(s)$ und $\xi_2(s)$ und den willkürlichen Konstanten c_1 und c_2, sowie $V(s)$ irgendeine Partikularlösung der inhomogenen Gleichung.

Die Lösung $v^h(s)$ der homogenen Gleichung wurde schon in (I) bestimmt und diskutiert. (22) ist ja identisch mit (17), und diese Gleichung stimmt, wenn man die rechte Seite Null setzt, mit (7) von (I) überein.

Es bleibt also für die vorliegende Arbeit nur noch die Aufgabe übrig, eine Lösung $V(s)$ der inhomogenen Gleichung (22) zu berechnen. Über die Eigenschaften von $V(s)$ kann man nun eine wesentliche Aussage machen. Wir haben nämlich in (22) eine lineare Differentialgleichung mit periodischen Koeffizienten der Periode 2π und einem inhomogenen Glied $\varepsilon \cos s$ derselben Periode vor uns, und dieser Gleichungstyp findet sich behandelt von Trefftz[2], dessen Ergebnisse wir in folgendem Satz zusammenfassen:

Es gibt stets eine periodische Partikularlösung $V(s)$ der inhomogenen Gleichung (22) mit der Periode 2π, wenn keine der Partikularlösungen $\xi_1(s)$ und $\xi_2(s)$ der zu (22) gehörenden homogenen

---

[1] Hempel, M.: Das Verhalten einiger Werkstoffe bei dynamischer Biegungsbeanspruchung. Forsch. Ing.-Wes. 2 (1931), S. 327. — Förster, F. und W. Köster: Elastizitätsmodul und Dämpfung in Abhängigkeit vom Werkstoffzustand. Z. Metallkde. 29 (1937), S. 116.

[2] Trefftz, E.: Zur Berechnung der Schwingungen von Kurbelwellen, Vorträge aus dem Gebiete der Aerodynamik und verwandter Gebiete (Aachen 1929), S. 214. Herausgeg. von A. Gilles, L. Hopf, Th. v. Kármán, Berlin 1930.

Gleichung periodisch mit der Periode 2π ist. Ist aber $\xi_1(s)$ oder $\xi_2(s)$ periodisch mit der Periode 2π, so gibt es stets ein $V(s)$, das unbegrenzt mit s anwächst.

Es leuchtet ein, daß dieser Satz von großer Bedeutung für die Beurteilung der Resonanzverhältnisse beim schwingenden Stab ist, denn wenn die Lösung $v(s)$ unbegrenzt wächst, so gilt dasselbe auch für die Stabschwingungen. Dabei ist zu beachten, daß $v(s)$ nicht nur dann gegen Unendlich geht, wenn $V(s)$ unbeschränkt ansteigt, sondern natürlich auch dann, wenn sich $\xi_1(s)$ oder $\xi_2(s)$ so verhält. Außerdem wird man auch die Fälle als Resonanzfälle in Betracht ziehen, in denen man $v(s)$ und damit die Schwingungsausschläge des Stabes zwar nicht gerade unendlich groß, aber doch verhältnismäßig bedeutend findet. Man muß also sowohl die Lösung der homogenen als auch die der inhomogenen Gleichung kennen.

b) Die Lösung der homogenen Gleichung.

Wir wiederholen deshalb zunächst kurz die Ergebnisse der Untersuchung (I) über die Lösung $v^h(s)$ der homogenen Gleichung oder, wie wir kurz sagen wollen, über die homogene Lösung.

Die homogene Lösung hat als Funktion von s den Charakter einer entweder unbegrenzt anwachsenden oder unbegrenzt abnehmenden Schwingung, in Sonderfällen den einer Schwingung konstanter Amplitude. Welcher dieser Fälle bei bestimmten Werten der Parameter q, ε und ϑ eintritt, ist aus den Abb. 2 und 3 zu ersehen. In Abb. 2 [1] sind in einem q, ε-System für den Wert

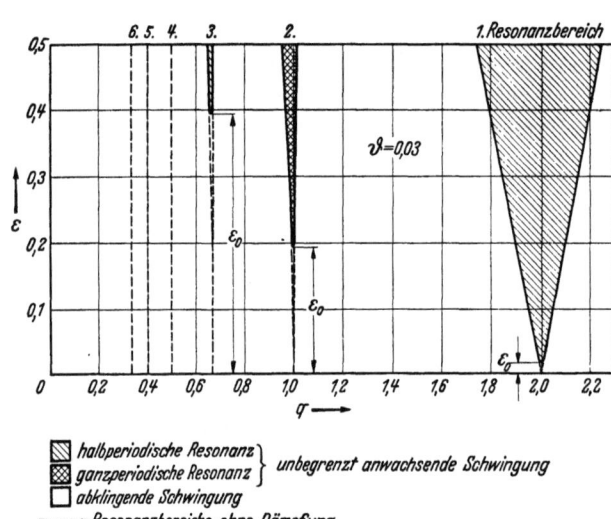
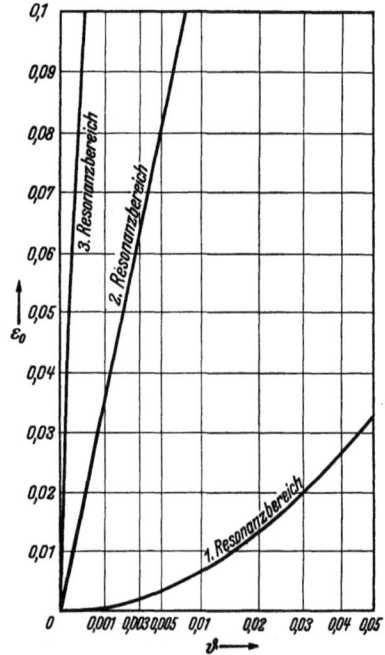

Abb. 2. Die Resonanzbereiche der homogenen Lösung.

Abb. 3. Die Schwellwerte ε_0 der drei ersten Resonanzbereiche abhängig von ϑ. Die Teilung der Abszissenachse ist quadratisch.

$\vartheta = 0{,}03$ die Gebiete eingezeichnet, in denen die homogene Lösung unbegrenzt anwächst bzw. absinkt. Die ersteren Gebiete (in Abb. 2 drei an der Zahl) sind schraffiert und als Resonanzgebiete bezeichnet, die letzteren leergelassen. Auf den ausgezogenen Grenzkurven hat die homogene Lösung konstante Amplitude. Die gestrichelten Linien umranden die Resonanzbereiche für den Fall verschwindender Dämpfung ($\vartheta = 0$). Man hat in diesem Fall nach links hin unendlich viele Resonanzbereiche, die außerordentlich schmal sind, so daß sie nur als Linien gezeichnet werden können, und die in den Punkten $q = 2/n$ ($n = 1, 2, \ldots$) auf der q-Achse auftreffen. Die Resonanzbereiche mit Dämpfung decken sich fast vollständig mit denen ohne Dämpfung mit dem einzigen wesentlichen Unterschied, daß sie nicht bis zur q-Achse hinabreichen, sondern in der Höhe ε_0 über ihr enden. ε_0 bezeichnen

---

[1] Abb. 2 entspricht der Abb. 7 von (I), ist aber maßstäblich gezeichnet. Um ein deutliches Bild der Sachlage zu geben, haben wir in Abb. 2 auch ε-Werte $> 0{,}1$ mit einbezogen.

wir als Schwellwert. Die Schwellwerte steigen mit wachsendem ϑ und mit wachsender Nummer der Resonanzbereiche. Daher kommt es, daß in Abb. 2 nur die drei ersten Resonanzbereiche in den Rahmen des Diagrammes fallen, während die übrigen höher liegen, so daß man nur ihre dämpfungslosen Grenzlinien einzeichnen kann. Für die von uns vorausgesetzten Werte $\varepsilon \leq 0{,}1$ hat man in dem durch Abb. 2 gegebenen Beispiel sogar nur einen einzigen, nämlich den 1. Resonanzbereich. Weitere würden hinzukommen, wenn ϑ kleiner wäre. Abb. 3 gibt für die drei ersten Resonanzbereiche ε_0 abhängig von ϑ wieder. Das Diagramm ist ein größerer und genauer gezeichneter Ausschnitt aus Abb. 4 von (I)[1]. Die Abszissenteilung ist quadratisch.

Bezüglich Abb. 2 ist noch zu erwähnen, daß die homogene Lösung in den einfach schraffierten Bereichen (im 1., 3., ... Resonanzbereich) eine anwachsende, also nichtperiodische Schwingung mit der Schwingungsdauer $s = 4\pi$ darstellt, in dem doppelt schraffierten Gebiet (im 2. sowie dem nicht mehr in die Abbildung fallenden 4., 6., ... Resonanzbereich) eine angefachte Schwingung mit der Schwingungsdauer $s = 2\pi$. Wir sprechen im ersten Falle von halbperiodischer, im zweiten Falle von ganzperiodischer Resonanz. Auf den ausgezogenen Grenzkurven der Resonanzgebiete erreicht die homogene Lösung mit wachsendem s konstante Amplitude. Es ist hier stets eine der beiden Partikularlösungen $\xi_1(s)$ oder $\xi_2(s)$ streng periodisch, und zwar bei ungerader Nummer des Resonanzbereiches mit der Periode 4π, bei gerader Nummer mit der Periode 2π. Diese Tatsache ist im Hinblick auf die Eigenschaften der Lösung $V(s)$ der inhomogenen Gleichung (22) besonders wichtig.

Auf weitere Eigenschaften der homogenen Lösung gehen wir hier nicht ein.

c) Die Lösung der inhomogenen Gleichung.

Bei der Aufstellung einer Partikularlösung $V(s)$ der inhomogenen Differentialgleichung (22) gehen wir von der Tatsache aus, daß $V(s)$ normalerweise als periodische Funktion mit der Periode 2π angenommen werden darf. Den Ausnahmefall, daß $V(s)$ nicht periodisch ist, weil eine der beiden Funktionen $\xi_1(s)$ oder $\xi_2(s)$ periodisch mit der Periode 2π wird, schließen wir vorderhand aus. Es liegt dann nahe, $V(s)$ als periodische Funktion durch eine trigonometrische Reihe darzustellen, also den Ansatz

$$(23) \qquad V(s) = a_0 + a_1 \cos s + b_1 \sin s + a_2 \cos 2s + b_2 \sin 2s + \cdots$$

zu machen. Führt man (23) in (22) ein, faßt alle gleichartigen sinus- und cosinus-Glieder zusammen und setzt sie gleich Null, so erhält man eine Folge von linearen Gleichungen für die a_i und b_i

$$(24) \qquad a_0 - \frac{\varepsilon}{2} a_1 = 0$$

$$(25) \qquad \begin{cases} (1 - q^2) a_1 + \frac{\vartheta}{\pi} q b_1 - \varepsilon a_0 - \frac{\varepsilon}{2} a_2 = \varepsilon \\ -\frac{\vartheta}{\pi} q a_1 + (1 - q^2) b_1 - \frac{\varepsilon}{2} b_2 = 0 \end{cases}$$

. . . .

$$(26) \qquad \begin{cases} (1 - n^2 q^2) a_n + n \frac{\vartheta}{\pi} q b_n - \frac{\varepsilon}{2} a_{n-1} - \frac{\varepsilon}{2} a_{n+1} = 0 \\ -n \frac{\vartheta}{\pi} q a_n + (1 - n^2 q^2) b_n - \frac{\varepsilon}{2} b_{n-1} - \frac{\varepsilon}{2} b_{n+1} = 0 \end{cases}$$

. . . .

Nach Lösung dieser unendlich vielen Gleichungen ist die inhomogene Lösung (23) bekannt.

Selbstverständlich kann man nun nicht mit unendlich vielen Reihengliedern und Gleichungen rechnen, sondern man wird die Reihe bei genügend guter Konvergenz möglichst weit vorne abbrechen. Nehmen wir allgemein die Glieder bis $n - 1$ mit, so können wir uns dadurch

---

[1] Dort ist die mit „2. Resonanzbereich" bezeichnete Linie versehentlich ganz leicht gekrümmt eingetragen worden. Sie ist durch ihre geradlinige Sehne zu ersetzen.

ein Urteil über den begangenen Fehler bilden, daß wir mit Hilfe von (26) die ersten vernachlässigten Koeffizienten a_n und b_n mit den noch berücksichtigten vergleichen. Aus (26) ergibt sich für $a_{n+1} = b_{n+1} = 0$

$$(27) \qquad a_n = \frac{\varepsilon}{2} \cdot \frac{a_{n-1}(1 - n^2 q^2) - b_{n-1} n \frac{\vartheta}{\pi} q}{(1 - n^2 q^2)^2 + n^2 \left(\frac{\vartheta}{\pi}\right)^2 q^2},$$

$$(28) \qquad b_n = \frac{\varepsilon}{2} \cdot \frac{b_{n-1}(1 - n^2 q^2) + a_{n-1} n \frac{\vartheta}{\pi} q}{(1 - n^2 q^2)^2 + n^2 \left(\frac{\vartheta}{\pi}\right)^2 q^2}.$$

Um diese Ausdrücke vereinfachen zu können, beschränken wir q auf Werte, die um soviel über dem Betrag $\frac{1}{n}$ bleiben, daß $|1 - n^2 q^2|$ erheblich größer als die kleine Zahl $n \frac{\vartheta}{\pi} q$ ausfällt. Dann kann man in (27) und (28) zu Abschätzungszwecken alle mit ϑ multiplizierten Glieder streichen und erhält näherungsweise

$$(29) \qquad a_n \approx \frac{\varepsilon}{2} \frac{a_{n-1}}{1 - n^2 q^2}, \qquad b_n \approx \frac{\varepsilon}{2} \frac{b_{n-1}}{1 - n^2 q^2}.$$

Hiernach kann man beurteilen, wie stark die Reihenglieder abnehmen und wie viele von ihnen noch mitzunehmen sind.

Beispielsweise genügt es für die besonders wichtige Umgebung des Punktes $q = 1$ (und ebenso für alle $q > 1$) vollkommen, $n = 2$ zu nehmen, also mit den Gliedern a_0, a_1 und b_1 allein zu rechnen. Für $q = 1$ und $n = 2$ ist nämlich $|1 - n^2 q^2| = 3$, also groß gegenüber dem aus $\vartheta = 0{,}05$ folgenden Höchstwert $n \frac{\vartheta}{\pi} q = 0{,}032$, und (29) liefert für $\varepsilon \leq 0{,}1$

$$\left| \frac{a_2}{a_1} \right| \leq 0{,}017, \qquad \left| \frac{b_2}{b_1} \right| \leq 0{,}017.$$

Demnach beträgt a_2 bzw. b_2 noch nicht 2 % von a_1 bzw. b_1, und die folgenden Glieder a_3, b_3 usw. nehmen nach (29) sogar noch stärker ab. Auch noch für $q = 0{,}7$ kann man die Glieder von $n = 2$ an unbedenklich vernachlässigen, denn auch hier macht a_2 bzw. b_2 nach (29) nicht viel mehr als 5 % von a_1 bzw. b_1 aus. Erst wenn q noch näher an den Wert $\frac{1}{2}$ heranrückt, wird es notwendig, die Glieder a_2 und b_2 mitzunehmen, während man die folgenden immer noch weglassen darf. In der Nähe des Wertes $q = \frac{1}{3}$ ist auch das nicht mehr zulässig, sondern man muß die Glieder a_3 und b_3 dazuziehen. Doch wird es, wie schon hier vorausgeschickt sei, nicht notwendig sein, die Rechnung so weit zu treiben.

Berechnung von $V(s)$ für $q \geq 0{,}7$.

Wir führen auf Grund dieser Abschätzungen die Rechnung nacheinander für die verschiedenen q-Intervalle durch und beginnen mit dem Gebiet $q \geq 0{,}7$, in dem wir uns nach dem oben Gesagten auf die Gleichungen (24) und (25) beschränken und darin $a_2 = b_2 = 0$ setzen dürfen. Setzen wir a_0 aus (24) in (25) ein, so erhalten wir die beiden Bestimmungsgleichungen für a_1 und b_1

$$\left(1 - q^2 - \frac{\varepsilon^2}{2}\right) a_1 + \frac{\vartheta}{\pi} q b_1 = \varepsilon$$

$$-\frac{\vartheta}{\pi} q a_1 + (1 - q^2) b_1 = 0$$

mit den Wurzeln

$$(30) \qquad a_1 = \frac{\varepsilon (1 - q^2)}{\left(1 - q^2 - \frac{\varepsilon^2}{2}\right)(1 - q^2) + \left(\frac{\vartheta}{\pi}\right)^2 q^2},$$

$$(31) \qquad b_1 = \frac{\varepsilon \frac{\vartheta}{\pi} q}{\left(1 - q^2 - \frac{\varepsilon^2}{2}\right)(1 - q^2) + \left(\frac{\vartheta}{\pi}\right)^2 q^2}.$$

Aus (24) hat man noch $a_0 = \frac{\varepsilon}{2} a_1$, und damit ist die inhomogene Lösung

$$V(s) = a_0 + a_1 \cos s + b_1 \sin s$$

bekannt.

Um die Eigenschaften dieser Funktion zu erkennen, lassen wir die Konstante a_0, die wegen $\varepsilon \leq 0{,}1$ höchstens 5% von a_1 beträgt, weg und ziehen den verbleibenden Ausdruck $a_1 \cos s + b_1 \sin s$ zu einer einzigen cos-Funktion zusammen, indem wir $a_1 = A \cos \gamma$ und $b_1 = A \sin \gamma$ setzen. Es wird dann

(32)
$$V(s) = A \cos (s - \gamma)$$

mit

(33)
$$A = \frac{\varepsilon \sqrt{(1-q^2)^2 + \left(\frac{\vartheta}{\pi}\right)^2 q^2}}{\left(1 - q^2 - \frac{\varepsilon^2}{2}\right)(1 - q^2) + \left(\frac{\vartheta}{\pi}\right)^2 q^2}$$

und

$$\operatorname{tg} \gamma = \frac{\frac{\vartheta}{\pi} q}{1 - q^2}.$$

$V(s)$ stellt also nach (32) eine einfache cosinus-Schwingung mit der Phasenverschiebung γ und der von q, ε und ϑ abhängenden Amplitude A dar. A ist maßgebend für die Größe der Stabausschläge und muß deshalb genauer untersucht werden.

Als Funktion von q für konstantes ϑ und ε hat A einen Verlauf, wie er in Abb. 4 durch ein Beispiel wiedergegeben wird. Dabei ist zu beachten, daß wir voraussetzungsgemäß zunächst rechts von der gestrichelten Geraden $q = 0{,}7$ bleiben. Wie man sieht, hat die Kurve $A(q)$ hier ganz den Charakter der Resonanzkurve eines einfachen, durch eine periodische Kraft angeregten Schwingers, was bei der großen Ähnlichkeit der Gleichung (22) mit der bekannten Differentialgleichung erzwungener Schwingungen nicht verwunderlich ist. Die Spitze bei $q = 1$ bedeutet Resonanz. Ist q etwas von dem Wert Eins entfernt (etwa $q < 0{,}95$ und $q > 1{,}05$), so kann man wegen der Kleinheit von ε^2 und ϑ^2 diese Größen im Nenner und unter der Wurzel von (33) weglassen und genügend genau

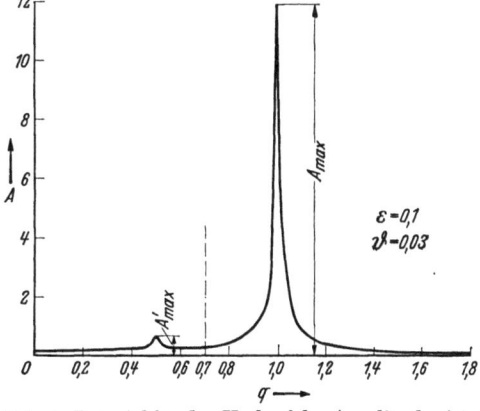

Abb. 4. Beispiel für den Verlauf der Amplitude $A(q)$ der inhomogenen Lösung.

(34)
$$A = \frac{\varepsilon}{|1 - q^2|}$$

schreiben. Abgesehen von dem kleinen Intervall um $q = 1$ herum ist also A unabhängig von ϑ. Dagegen hängt die dicht bei $q = 1$ liegende scharfe Spitze $A_{\max}$ (Abb. 4) stark von ϑ ab. Um $A_{\max}$ genauer zu bestimmen, ist eine Maximumsrechnung erforderlich, die sich am einfachsten folgendermaßen gestaltet:

Gesucht ist der Größtwert des Ausdruckes (33), wobei q als Variable zu betrachten ist. (33) vereinfacht sich, wenn man statt q eine neue Variable u einführt, indem man

(35)
$$1 - q^2 = u \frac{\vartheta}{\pi} + \frac{1}{2}\left(\frac{\vartheta}{\pi}\right)^2$$

setzt. Man erhält so unmittelbar die Formel

(36)
$$A = \frac{\varepsilon \pi}{\vartheta} \frac{\sqrt{u^2 + 1}}{u^2 - \lambda u + 1},$$

worin abkürzend $\lambda = \frac{\varepsilon^2 \pi}{2 \vartheta}$ geschrieben und $1 - \frac{1}{4}\left(\frac{\vartheta}{\pi}\right)^2 \approx 1$, $1 - \frac{\varepsilon^2}{4} \approx 1$ gesetzt ist. Die Bedingung $\frac{dA}{du} = 0$ führt dann auf die kubische Gleichung

(37)
$$u^3 + u - \lambda = 0,$$

aus der für jedes gegebene λ der Wert von u folgt, der A zum Maximum macht. Anderseits ist λ durch ε und ϑ unmittelbar gegeben. Man kann also zu jedem Wertepaar ε, ϑ den Betrag von $A_{\max}$ durch Auflösen von (37) und Einsetzen der Wurzel in (36) mit leichter Mühe ausrechnen. Die Rechnung läßt sich noch weiter dadurch vereinfachen, daß man ein für alle Male zu einer Reihe von λ-Werten mit Hilfe von (37) den Größtwert des Faktors $\dfrac{\sqrt{u^2+1}}{u^2-\lambda u+1}$ von A bestimmt und das Ergebnis in einer Kurve aufträgt (s. Abb. 5). Dann ist es zur Berechnung von $A_{\max}$ aus gegebenem ε und ϑ nur noch notwendig, den Ordinatenwert aus Abb. 5 mit $\varepsilon \pi/\vartheta$ zu multiplizieren. In Abb. 6 sind einige Ergebnisse dieses Verfahrens zusammengestellt. Die dort gezeichneten Kurven geben $A_{\max}$ abhängig von ε für verschiedene konstante ϑ wieder, und zwar mit doppelt logarithmischer Teilung der Koordinatenachsen, durch die eine besonders deutliche Übersicht über die Veränderlichkeit von $A_{\max}$ sowohl bei den kleinen als auch bei den großen ε- und ϑ-Werten erzielt wird. Überall da, wo die Kurven geradlinig sind, ist $\dfrac{\sqrt{u^2+1}}{u^2-\lambda u+1}=1$ und deshalb einfach $A_{\max}=\dfrac{\varepsilon \pi}{\vartheta}$.

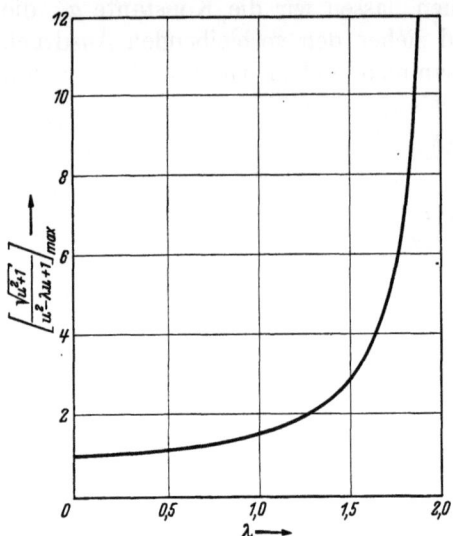

Abb. 5. Hilfskurve zur Berechnung von $A_{\max}$.

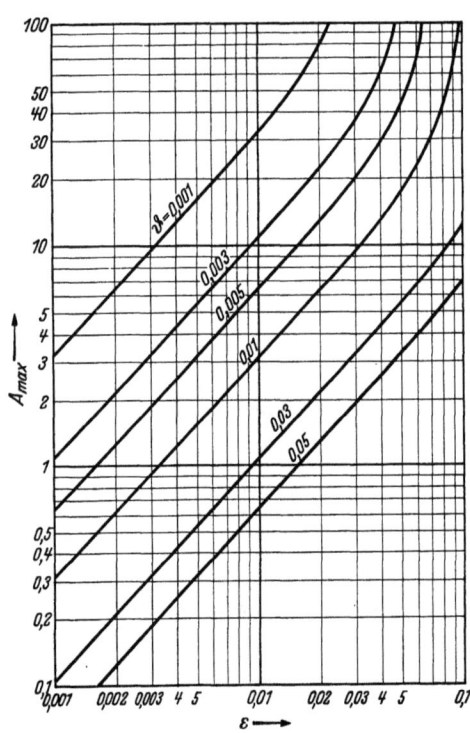

Abb. 6. Der erste Größwert $A_{\max}$ der Amplitude der inhomogenen Lösung.

Die Lage des Maximums ist durch den Betrag von u bestimmt. Nach (35) ist $q^2=1-u\dfrac{\vartheta}{\pi}-\dfrac{1}{2}\left(\dfrac{\vartheta}{\pi}\right)^2$. Da $\dfrac{\vartheta}{\pi}$ sehr klein und u als positive Wurzel von (37) $<\lambda$ ist, λ aber nur bis zum Wert 2 in Betracht gezogen zu werden braucht (s. unten), so ist $u\dfrac{\vartheta}{\pi}+\dfrac{1}{2}\left(\dfrac{\vartheta}{\pi}\right)^2$ klein gegen Eins. Das Maximum liegt also praktisch bei $q=1$.

Es ist nun sehr bemerkenswert, daß $A_{\max}$ für $\lambda=2$ den Betrag ∞ erreicht. Dies ist aus Abb. 5 ersichtlich und folgt im übrigen aus der Tatsache, daß (37) für $\lambda=2$ die Wurzel $u=1$ besitzt, womit der Nenner von (36) Null wird. In Abb. 6 äußert sich das so, daß die dort aufgetragenen Kurven aus der Geradenrichtung nach oben abbiegen und bei gewissen Abszissenwerten $\varepsilon=\varepsilon_0$, bestimmt durch $\lambda=\dfrac{\varepsilon_0^2 \pi}{2 \vartheta}=2$, ins Unendliche gehen. Im Zusammenhang mit dem unter a) und b) in diesem Abschnitt Gesagten erkennt man, daß die eben definierte Größe ε_0 nichts anderes ist als der Schwellwert des zweiten Resonanzbereichs der homogenen Lösung. Solange nämlich $\lambda<2$ und damit $\varepsilon<\varepsilon_0$ ist, bleibt A stets endlich, und man hat in (32) eine periodische Lösung $V(s)$ der inhomogenen Gleichung (22) aufgestellt. Wird aber A für $\varepsilon=\varepsilon_0$ und $q\approx 1$ unendlich groß, so bedeutet dies, daß die periodische Lösung $V(s)$ aufgehört hat, zu existieren. Dafür muß nun nach dem Satz von S. 7 die inhomogene Gleichung (22) eine unbegrenzt anwachsende Partikularlösung $V(s)$ und gleichzeitig die zugehörige homogene Gleichung eine periodische Lösung $\xi_1(s)$ oder $\xi_2(s)$ besitzen. Das ist nach b) gleichbedeutend mit der Tatsache, daß wir uns im Diagramm von Abb. 2 auf dem Rand des zweiten Resonanzbereiches befinden, und zwar gerade den untersten Punkt erreicht haben.

Durch $\lambda = 2$ ist der Zusammenhang zwischen ϑ und dem Schwellwert ε_0 des zweiten Resonanzbereichs gegeben zu

$$\vartheta = \frac{\pi}{4}\varepsilon_0^2.$$

Der gleiche Zusammenhang wurde auf anderem Wege schon in (I) berechnet und ist auf Grund der dortigen Rechenergebnisse in Abb. 3 der vorliegenden Arbeit durch die mit „2. Resonanzbereich" bezeichnete Gerade dargestellt. Man erkennt, daß diese Gerade durch die eben abgeleitete Gleichung $\vartheta = \frac{\pi}{4}\varepsilon_0^2$ (bei quadratischer Teilung der ϑ-Achse) gut wiedergegeben wird. Die Übereinstimmung kann als Rechenkontrolle betrachtet werden.

Auch für $\varepsilon > \varepsilon_0$ wird die periodische Lösung $V(s)$ nach dem Satz von S. 7 unendlich, wenn q gerade so groß ist, daß man auf dem Rand des zweiten Resonanzbereichs der homogenen Lösung (Abb. 2) steht. Außerhalb des Resonanzbereichs und streng genommen auch innerhalb existiert ein periodisches $V(s)$ mit endlicher Amplitude, weil hier die homogene Lösung nicht periodisch ist. Doch braucht man auf die endliche Amplitude innerhalb des Resonanzbereiches nicht einzugehen, weil dieser laut Abb. 2 für das von uns betrachtete Gebiet $\varepsilon \leq 0{,}1$ so schmal ist, daß seine Grenzlinien praktisch zu einer Geraden $q = 1$ zusammenfallen. Es ist genügend genau, wenn wir feststellen: Im Punkt $q = 1$ hat die Lösung $V(s)$ ein scharfes Maximum, dessen Betrag $A_{\max}$ für $\varepsilon < \varepsilon_0$ endlich und für $\varepsilon \geq \varepsilon_0$ unendlich ist.

Berechnung von $V(s)$ für $q < 0{,}7$.

Wir kommen nun zur Bestimmung der inhomogenen Lösung $V(s)$ in dem bisher ausgeschlossenen Bereich $q < 0{,}7$. Wie oben gezeigt wurde, kommt man hier mit den Koeffizienten a_0, a_1 und b_1 nicht mehr aus, sondern muß a_2 und b_2 hinzunehmen. Und auch dann darf q nicht ganz auf den Wert $\frac{1}{3}$ heruntergehen.

Da q^2 nun weit von Eins entfernt ist, darf man in der ersten Gleichung (25) das Glied $\varepsilon a_0 = \frac{\varepsilon^2}{2}a_1$ gegen $(1-q^2)a_1$ vernachlässigen. (25) und (26) lauten dann für $n = 2$ und $a_3 = b_3 = 0$

$$(38)\quad\begin{cases} (1-q^2)a_1 + \frac{\vartheta}{\pi}q\,b_1 - \frac{\varepsilon}{2}a_2 = \varepsilon \\ -\frac{\vartheta}{\pi}q\,a_1 + (1-q^2)b_1 - \frac{\varepsilon}{2}b_2 = 0 \\ -\frac{\varepsilon}{2}a_1 + (1-4q^2)a_2 + 2\frac{\vartheta}{\pi}q\,b_2 = 0 \\ -\frac{\varepsilon}{2}b_1 - 2\frac{\vartheta}{\pi}q\,a_2 + (1-4q^2)b_2 = 0. \end{cases}$$

Die Wurzeln dieser linearen Gleichungen ergeben sich in bekannter Weise als Quotienten je zweier Determinanten

$$(39)\qquad a_1 = \frac{\Delta_1}{\Delta},\quad b_1 = \frac{\Delta_2}{\Delta},\quad a_2 = \frac{\Delta_3}{\Delta},\quad b_2 = \frac{\Delta_4}{\Delta}$$

mit

$$(40)\quad \Delta = \frac{\varepsilon^4}{16} + \frac{\varepsilon^2}{2}\left[2\left(\frac{\vartheta}{\pi}\right)^2 q^2 - (1-q^2)(1-4q^2)\right] + \left[(1-q^2)^2 + \left(\frac{\vartheta}{\pi}\right)^2 q^2\right]\cdot\left[(1-4q^2)^2 + 4\left(\frac{\vartheta}{\pi}\right)^2 q^2\right],$$

$$(41)\quad \Delta_1 = \varepsilon\left\{(1-q^2)\left[(1-4q^2)^2 + 4\left(\frac{\vartheta}{\pi}\right)^2 q^2\right] - \frac{\varepsilon^2}{4}(1-4q^2)\right\}$$

$$(42)\quad \Delta_2 = \varepsilon\frac{\vartheta}{\pi}q\left\{\left[(1-4q^2)^2 + 4\left(\frac{\vartheta}{\pi}\right)^2 q^2\right] + \frac{\varepsilon^2}{2}\right\}$$

$$(43)\quad \Delta_3 = \varepsilon^2\left\{\frac{1}{2}\left[(1-q^2)(1-4q^2) - \frac{\varepsilon^2}{4}\right] - \left(\frac{\vartheta}{\pi}\right)^2 q^2\right\}$$

$$(44)\quad \Delta_4 = \frac{\varepsilon^2}{2}\frac{\vartheta}{\pi}q\left\{(1-4q^2) + 2(1-q^2)\right\}.$$

In dieser Form ist die Lösung noch unübersichtlich. Um einen Überblick über ihre Eigenschaften zu gewinnen, schließen wir, ähnlich wie wir es oben beim Punkt $q = 1$ taten, den

Punkt $q = \frac{1}{2}$ und seine nächste Umgebung zunächst noch aus, und zwar soweit, daß $|1 - 4q^2|$ erheblich größer ausfällt als $\frac{\varepsilon^2}{4}$ und $\left(\frac{\vartheta}{\pi}\right)^2$. Es genügt, wenn wir etwa das Intervall $0{,}95 \leq 2q \leq 1{,}05$ ausschließen. Dann ist nämlich $|1 - 4q^2| > 0{,}1$ gegenüber $\varepsilon^2 \leq 0{,}01$ und $\left(\frac{\vartheta}{\pi}\right)^2 \leq 0{,}00025$. Wenn $|1 - 4q^2|$ den Kleinstwert $0{,}1$ annimmt, ist $q \approx \frac{1}{2}$ und damit $1 - q^2 \approx 0{,}75$. Hält man sich diese Größenabstufung bei der Betrachtung von (40) vor Augen, so erkennt man sofort, daß man in erster Näherung alle ϑ enthaltenden Glieder weglassen kann und daß von den übrigbleibenden nur das Glied $(1 - q^2)^2 (1 - 4q^2)^2$ von Bedeutung ist; ebenso ist näherungsweise

$$\Delta_1 = \varepsilon (1 - q^2)(1 - 4q^2)^2,$$
$$\Delta_3 = \frac{\varepsilon^2}{2}(1 - q^2)(1 - 4q^2).$$

Δ_2 und Δ_4 können dagegen vernachlässigt werden, weil sie mit der kleinen Größe $\frac{\vartheta}{\pi} \leq 0{,}016$ multipliziert sind. Wir haben also die vereinfachten Wurzeln von (38)

(45) $\qquad \begin{cases} a_1 = \dfrac{\varepsilon}{1 - q^2}, \\ a_2 = \dfrac{\varepsilon^2}{2(1 - q^2)(1 - 4q^2)} \end{cases} \qquad b_1 = b_2 = 0$

Vernachlässigen wir wieder wie schon oben den Koeffizienten $a_0 = \varepsilon \dfrac{a_1}{2}$, so ist damit die Lösung (23)

(46) $\qquad V(s) = a_1 \cos s + a_2 \cos 2s$

bekannt.

Die Funktion (46) stellt eine zusammengesetzte Schwingung mit der Amplitude

(47) $\qquad A = |a_1| + |a_2| = \dfrac{\varepsilon}{|1 - q^2|}\left(1 + \dfrac{\varepsilon}{2|1 - 4q^2|}\right)$

dar. Wie man sieht, steigt das zweite Glied in der Klammer von (47) und damit die Amplitude A an, wenn sich q dem Wert $\frac{1}{2}$ von unten oder oben her nähert (vgl. dazu Abb. 4). A wird also im Punkt $q = \frac{1}{2}$ oder in seiner unmittelbaren Nähe zwar nicht unendlich groß werden, denn (47) gilt nicht für $q = \frac{1}{2}$, aber doch einen zweiten Größtwert $A'_{\max}$ erreichen. Dieses Maximum hängt eng mit den Eigenschaften der homogenen Lösung zusammen: Abb. 2 zeigt, daß die homogene Lösung bei $q = \frac{1}{2}$ den 4. Resonanzbereich hat, der aber laut Abb. 3 für normale ϑ-Werte einen großen Schwellwert besitzt. (Die Schwellwertkurve des 4. Resonanzbereichs ist in Abb. 3 nicht mehr eingezeichnet, man sieht aber aus dem Verlauf der anderen Kurven sofort, daß sie über der Kurve des 3. Resonanzbereichs liegt.) ε bleibt also normalerweise kleiner als der Schwellwert des 4. Resonanzbereichs. Würde ε diesen Schwellwert erreichen, so würde die inhomogene Lösung $V(s)$ genau wie bei $q = 1$ nach dem Satz von S. 7 unendlich groß, denn die homogene Lösung hat auf dem Rand jedes Resonanzbereichs mit gerader Nummer eine Partikularlösung $\xi_1(s)$ oder $\xi_2(s)$ mit der Periode 2π. Für $\varepsilon < \varepsilon_0$ dagegen ist $V(s)$ in der Nähe von $q = \frac{1}{2}$ zwar endlich und periodisch, aber mit einer größeren Amplitude A als für die benachbarten q-Werte. Dieses Maximum ist aus Stetigkeitsgründen um so schwächer ausgeprägt, je tiefer ε unter dem Schwellwert ε_0 liegt.

In unserem Fall $\varepsilon \leq 0{,}1$ ist ε stets so viel kleiner als ε_0, daß das zweite Maximum $A'_{\max}$ nicht sehr groß ausfällt und gegenüber dem oben berechneten Wert $A_{\max}$ bei $q = 1$ praktisch von untergeordneter Bedeutung ist (Abb. 4). Man kann deshalb auf eine scharfe Berechnung von $A'_{\max}$ verzichten und sich auf eine Näherungsrechnung beschränken, die den Vorzug hat, eine sehr übersichtliche Lösung zu liefern.

Wir betrachten also nun die q-Werte in dem bisher ausgeschlossenen Intervall $0{,}95 \leq 2q \leq 1{,}05$. Für jedes q ist durch (39) bis (44) eine bestimmte Funktion (23) gegeben, also eine periodische Lösung $V(s)$ mit bestimmter Amplitude A. Diese Amplitude A ändert sich mit q und dürfte etwa am größten sein, wenn der allen Koeffizienten a_1 bis b_2 gemeinsame Nenner Δ am kleinsten ist. Ganz genau stimmt das wahrscheinlich nicht, doch wollen wir die Annahme machen. Um also den Größtwert $A'_{\max}$ zu finden, haben wir zuerst aus (40) das Minimum von $\varDelta$ aufzusuchen. Wir führen zur Vereinfachung von (40) eine neue Variable w ein, indem wir

$$w = 1 - 4q^2 \quad \text{oder} \quad q^2 = \tfrac{1}{4}(1-w)$$

setzen, und bekommen dadurch für $\varDelta$ ein Polynom 4. Grades in w, dessen Koeffizienten die Größen ε^2 und ϑ^2 enthalten. Diese Größen sind klein gegen die Eins, ihre Potenzen und Produkte also von höherer Ordnung klein. Wir streichen daher innerhalb der einzelnen Koeffizienten des Polynoms $\varDelta$ die Glieder höherer Ordnung in ε^2 und ϑ^2 und lassen nur die jeweils niedrigsten Glieder stehen. Dann wird

$$\varDelta = \frac{w^4}{16} + \frac{3}{8} w^3 + \frac{9}{16} w^2 - \frac{3}{8} w \left(\varepsilon^2 + \frac{1}{2}\left(\frac{\vartheta}{\pi}\right)^2\right) + \frac{\varepsilon^4}{16} + \frac{9}{16}\left(\frac{\vartheta}{\pi}\right)^2.$$

In diesem Ausdruck darf man noch zur Aufsuchung des Minimums die Glieder mit w^4 und w^3 weglassen. Die Berechtigung dieser Vernachlässigung wird sich sogleich erweisen. Die Gleichung $\frac{d\varDelta}{dw} = 0$ liefert nämlich unmittelbar

(48) $$w = \frac{\varepsilon^2}{3} + \frac{1}{6}\left(\frac{\vartheta}{\pi}\right)^2,$$

und man erkennt daraus, daß die vernachlässigten Glieder w^4 und w^3 die Größen ε^2 und ϑ^2 in vierter bzw. dritter Potenz enthalten, also gegen die beibehaltenen Glieder klein von höherer Ordnung sind. Führt man nun (48) in $\varDelta$ ein und beschränkt sich wiederum auf die niedrigsten Glieder in ε^2 und ϑ^2, so bekommt man das einfache Ergebnis

(49) $$\varDelta_{\min} = \left(\frac{3}{4}\frac{\vartheta}{\pi}\right)^2.$$

Zur Bestimmung der zu dem Maximum $A'_{\max}$ gehörenden Koeffizienten a_1 bis b_2 haben wir nun für $1 - 4q^2 = w_{\min}$ den Ausdruck (48) in (41) bis (44) einzuführen und dürfen uns dabei wie oben auf die Glieder niedrigster Ordnung in ε und ϑ beschränken. Die Ergebnisse sind gemäß (39) mit $\varDelta_{\min}$ nach (49) zu dividieren. Man erhält nach kurzer Rechnung

(50) $$\begin{cases} a_1 = \dfrac{4\varepsilon}{3}, \\ b_1 = \dfrac{8\varepsilon}{9}\dfrac{\vartheta}{\pi} + \dfrac{4\varepsilon^2}{9}\dfrac{\pi}{\vartheta}, \\ a_2 = -\dfrac{\varepsilon^2}{3}, \\ b_2 = \dfrac{2\varepsilon^2}{3}\dfrac{\pi}{\vartheta}. \end{cases}$$

Hieraus ist sofort zu ersehen, daß a_2 in erster Näherung klein gegen b_2, ebenso das erste Glied von b_1 klein gegen a_1 und das zweite Glied von b_1 klein gegen b_2 ist. Es bleiben also nur die Koeffizienten a_1 und b_2 zu berücksichtigen, und die Lösung (23) ist (unter Vernachlässigung von a_0)

(51) $$V(s) = a_1 \cos s + b_2 \sin 2s.$$

Diese Funktion stellt eine zusammengesetzte Schwingung mit der Amplitude

(52) $$A'_{\max} = a_1 + b_2 = \frac{4\varepsilon}{3} + \frac{2\varepsilon^2}{3}\frac{\pi}{\vartheta}$$

dar. Der q-Wert, für den das Maximum eintritt, ist praktisch genau $q = \tfrac{1}{2}$, da $w = 1 - 4q^2$ nach (48) sehr klein ist.

Der Betrag von $A'_{\max}$ ist in Abb. 7 für einige konstante Werte von ϑ als Funktion von ε aufgetragen, und zwar entsprechend Abb. 6 in einem doppelt logarithmischen System. Da a_1 nach (50) für $\varepsilon \leq 0,1$ höchstens den Betrag 0,13 erreichen kann, spielt es gegenüber b_2 nur dann eine Rolle, wenn auch b_2 klein ist, so daß dann auch die Summe $A'_{\max}$ nach (52) ziemlich klein wird. Überall da, wo $A'_{\max}$ in Abb. 7 nennenswerte Beträge erreicht, überwiegt daher b_2, so daß nach (51) $V(s)$ im wesentlichen aus der Funktion $b_2 \sin 2s$ besteht.

Bisher sind wir mit q noch immer über dem Wert $\tfrac{1}{3}$ geblieben. Nähert sich q dem Betrag $\tfrac{1}{3}$, so muß man streng genommen zwei weitere Gleichungen (26) berücksichtigen und die Rechnung mit der Bestimmung der Koeffizienten a_0 bis b_3 beginnen. Man kann jedoch schon vorher beurteilen, welche Eigenschaften die Amplitude A von $V(s)$ in der Nähe von $q = \frac{1}{3}$ haben wird. Sie wird nämlich ähnlich wie bei $q = \frac{1}{2}$ ein drittes Maximum $A''_{\max}$ erreichen, weil die homogene Lösung bei $q = \frac{1}{3}$ einen Resonanzbereich mit gerader Nummer, und zwar der Nummer 6, besitzt. Das Maximum $A''_{\max}$ wird wesentlich unbedeutender als $A'_{\max}$ sein, weil der Schwellwert des 6. Resonanzbereiches noch viel höher als der des vierten liegt.

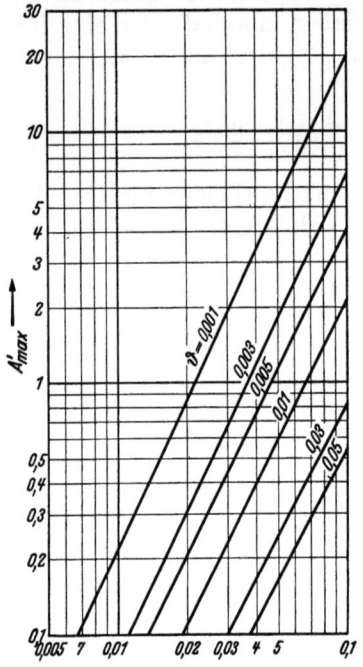

Abb. 7. Der zweite Größtwert $A'_{\max}$ der Amplitude der inhomogenen Lösung.

Nachdem wir nun schon $A'_{\max}$ ganz erheblich kleiner als das vorherrschende Maximum $A_{\max}$ gefunden haben, dürfen wir mit Sicherheit annehmen, daß $A''_{\max}$ nur in den seltensten Ausnahmefällen (großes ε und sehr kleines ϑ) einen nennenswerten Betrag erreicht, so daß wir auf seine Berechnung verzichten können. Dasselbe gilt in noch höherem Grade für die theoretisch aus denselben Gründen auch für $q = \frac{1}{4}$, $\frac{1}{5}$ usw. auftretenden Maxima.

Den Grenzwert von A für $q = 0$ findet man aus (22), indem man dort nach (18) und (19) $q = \omega = s = 0$ einsetzt, zu

$$v = A = \frac{\varepsilon}{1 - \varepsilon} \approx \varepsilon (1 + \varepsilon).$$

Dieser Ausdruck unterscheidet sich höchstens um nicht ganz 5% von dem aus (47) für $q = 0$ folgenden Wert für A. Man kann also (47) auf der ganzen Strecke von $q = \frac{0{,}95}{2}$ bis $q = 0$ (Abb. 4) als gültig betrachten.

Schließlich kann man zur Vereinheitlichung auch für $q > 0{,}7$ überall da, wo für A der Ausdruck (34) abgeleitet wurde, an dessen Stelle die Beziehung (47) setzen, denn für $q > 0{,}7$ unterscheiden sich (34) und (47) nur unwesentlich. Wir können also die Hauptergebnisse über die Amplitude A der periodischen Funktion $V(s)$ kurz folgendermaßen zusammenfassen:

A hat als Funktion von q den in Abb. 4 durch ein Beispiel wiedergegebenen Charakter. Für alle q, die nicht in die Intervalle $0{,}95 \leq q \leq 1{,}05$ und $0{,}95 \leq 2q \leq 1{,}05$ fallen, ist

$$A = \frac{\varepsilon}{|1 - q^2|} \left(1 + \frac{\varepsilon}{2 \, | 1 - 4 q^2 |} \right).$$

Für $q = \frac{1}{2}$ ist A der Abb. 7 zu entnehmen, für $q = 1$ und $\varepsilon^2 < 4 \frac{\vartheta}{\pi}$ der Abb. 6. Für $q = 1$ und $\varepsilon^2 \geq 4 \frac{\vartheta}{\pi}$ ist A unendlich groß. Für die übrigen q-Werte in den eben angegebenen Intervallen läßt sich A umständlicher aus (33) bzw. (39) berechnen. Doch dürfte dies praktisch kaum jemals notwendig sein.

4. Die Stabschwingungen.

Die gewonnenen mathematischen Ergebnisse sollen nun nutzbar gemacht werden für die Diskussion der Stabschwingungen und die Beantwortung praktischer Fragen.

Wir greifen auf Abschnitt 2 zurück. Die Bewegung des Stabes wird beschrieben durch die Funktion $y(x, t)$, die den örtlichen und zeitlichen Verlauf der Ausbiegung angibt. Nach (4) haben wir y in zwei Teile zerlegt (Abb. 1): Den statischen Teil $\eta(x)$, herrührend von den stationären Lasten, und den zeitlich veränderlichen Schwingungsanteil $z(x, t)$, der durch die schwingende Last $P_1 \cos \omega t$ hervorgerufen wird. Dieser letztere Anteil ist für alle Schwingungsfragen allein maßgebend. Nach (7) ist z gebildet durch Überlagerung einer Grundschwingung mit der Ausbiegungsform $\sin \frac{\pi x}{l}$ und theoretisch unendlich vielen Oberschwingungen mit den Ausbiegungsformen $\sin \frac{k \pi x}{l}$. Der zeitliche Verlauf der Schwingungsausschläge wird durch die Funktionen v_k gegeben, die in Abschnitt 3 in ihrer Abhängigkeit von $s = \omega t$ für

Grund- und Oberschwingungen gemeinsam berechnet wurden. Den Index k, der in Abschnitt 3 weggelassen werden konnte, müssen wir jetzt überall anschreiben, wo es sich darum handelt, Grund- und Oberschwingungen zu unterscheiden. Ferner müssen wir, um $v_k(s)$ zu erhalten, die Lösung $v(s)$ des 3. Abschnitts jetzt mit dem Faktor $h_k = \eta_k + \frac{4e}{\pi} g_k$ multiplizieren, der für die mathematischen Untersuchungen weggelassen wurde (S. 7).

Die Funktion $v_k(s)$ besteht nach Abschnitt 3a aus zwei Teilen, nämlich der Lösung $v_k^h(s)$ der zu (21) gehörenden homogenen Differentialgleichung und der Partikularlösung $V_k(s)$ der inhomogenen Gleichung (21). Mechanisch gedeutet gibt der erste Teil eine Schwingung wieder, welche die Längskraft (1) auch bei genau zentrischem Angriff am geraden Stab hervorrufen würde. Die Berechnung dieser Schwingungen führt ja wie erwähnt auf die homogene Differentialgleichung und damit auf die homogene Lösung $v_k^h(s)$. Der zweite Teil stellt die Schwingung dar, die von der Längskraft im Zusammenwirken mit dem durch die statische Ausbiegung η und die Außermittigkeit e des Kraftangriffs bedingten Biegemoment $P_1(\eta + e)\cos\omega t$ erzeugt wird.

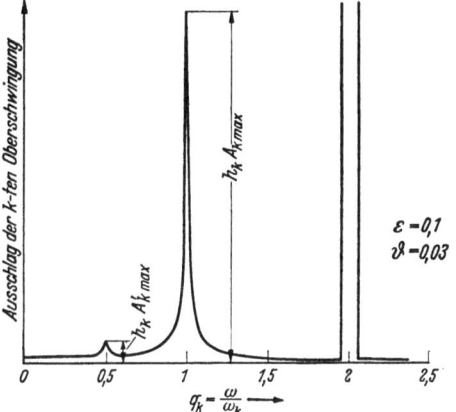

Abb. 8. Beispiel einer Resonanzkurve. Der Ausschlag der k-ten Oberschwingung abhängig vom Frequenzverhältnis $q_k = \omega/\omega_k$.

Der Stab mit außermittig angreifender pulsierender Längskraft und statischer Ausbiegung führt also als Teilbewegung auch die vollständige Schwingung des Stabes ohne statische Ausbiegung mit zentrischer schwingender Axiallast aus. Wir nennen diese Teilbewegung, die durch die homogene Lösung charakterisiert wird, die homogene Schwingung, die der inhomogenen Lösung $V(s)$ entsprechende Bewegung dagegen die inhomogene Schwingung. Das gleichzeitige Auftreten beider Schwingungen ist sehr bemerkenswert. Ein Analogon dazu bildet die bekannte Überlagerung von Eigenschwingungen und erzwungenen Schwingungen etwa beim Stab unter reiner schwingender Querbelastung. Die Eigenschwingungen werden aus der homogenen Differentialgleichung des Problems abgeleitet und entsprechen mathematisch unseren homogenen Schwingungen, während die erzwungenen Schwingungen aus der inhomogenen Differentialgleichung folgen und deshalb mathematisch die Stellung unserer inhomogenen Schwingungen einnehmen. Während aber die Eigenschwingungen des Stabes bei reiner Querbelastung stets abklingen, so daß bezüglich der Resonanz nur die erzwungenen Schwingungen in Betracht zu ziehen sind, können beim Stab unter pulsierender Längslast auch die „Eigenschwingungen", d. h. die homogenen Schwingungen, instabil werden und unbegrenzt anwachsen.

Wir geben nun eine Übersicht über das Schwingungsverhalten unseres Stabes, indem wir ein Diagramm aufzeichnen, das man in der Schwingungstechnik die „Resonanzkurve" eines schwingenden Systems nennt, nämlich die Kurve des Schwingungsausschlags abhängig von der Erregerfrequenz. Wir betrachten dabei zunächst allgemein die k-te Oberschwingung und tragen ihren Ausschlag über dem Verhältnis $q_k = \frac{\omega}{\omega_k}$ auf, wie Abb. 8 als Beispiel zeigt. Alle Werte des Stabes und seiner Belastung sowie die Dämpfung seien gegeben und nur ω veränderlich. Dann kennt man nach (19), (19a) und (20) die Konstanten ε_k, ω_k, h_k und ϑ_k.

Der in Abb. 8 aufgetragene gesamte Schwingungsausschlag setzt sich zusammen aus dem Ausschlag der homogenen und dem der inhomogenen Schwingung. Überall da, wo die homogene Schwingung stabil ist und abklingt, ist der gesamte Schwingungsausschlag nach einiger Zeit durch den Ausschlag der inhomogenen Schwingung allein gegeben, hat also die Größe $h_k A_k$. Die Resonanzkurve Abb. 8 stimmt dort mit der mit h_k multiplizierten Kurve von Abb. 4 überein.

Ist dagegen die homogene Schwingung instabil, so wird der gesamte Schwingungsausschlag unendlich groß. Dies tritt in erster Linie in der Nähe von $q_k = 2$ ein, sofern ε_k größer als der Schwellwert ε_0 des 1. Resonanzbereichs der homogenen Schwingung ist, und zwar innerhalb eines q_k-Intervalls, das gleich dem horizontalen Schnitt durch den 1. Resonanzbereich von Abb. 2 für das gegebene $\varepsilon = \varepsilon_k$ ist. Während sich die Resonanzkurve in Abb. 8 in der weiteren Umgebung von $q_k = 2$ ganz nahe an der q_k-Achse hinzieht, wobei die Stabschwingung nach (32) zeitlich cosinusförmig mit der Frequenz ω der erregenden Kraft verläuft, biegt die Resonanzkurve in den beiden Randpunkten des Resonanzintervalls der homogenen Schwingung mit scharfem Knick senkrecht nach oben ab. Da im 1. Resonanzbereich halbperiodische Resonanz vorliegt, ist die Frequenz der unbegrenzt aufgeschaukelten Schwingung gleich der halben Erregerfrequenz ω, also ziemlich genau gleich ω_k. Die ganze Resonanzerscheinung verschwindet indes, falls $\varepsilon_k < \varepsilon_0$ ist. Die Resonanzkurve läuft dann ohne Unstetigkeit über den Punkt $q_k = 2$ weg.

Die homogene Schwingung kann ferner unbegrenzt anwachsen in der Nähe des Punktes $q_k = 1$, falls ε_k größer als der Schwellwert ε_0 des 2. Resonanzbereiches ist. Zugleich wird dann auch der für $q_k = 1$ auftretende Ausschlag $h_k A_{k\,\max}$ der inhomogenen Schwingung unendlich, so daß sich die Resonanzkurve für $q_k \to 1$ dem Wert ∞ stetig und ohne Knick nähert. Die Resonanz der homogenen Schwingung ist ganzperiodisch, ihre Resonanzfrequenz also ebenso wie die der inhomogenen Schwingung [Gleichung (32)] $\omega = \omega_k$. In der Mehrzahl der praktischen Fälle ist indes $\varepsilon_k < \varepsilon_0$. Dann wird die homogene Schwingung nicht angeregt und der Schwingungsausschlag hat für $q_k = 1$, wie in Abb. 8 eingetragen, das endliche Maximum $h_k A_{k\,\max}$.

Für $q_k < 1$ wird die homogene Schwingung bei den von uns betrachteten Werten von ε_k und ϑ_k nicht mehr instabil, da die höheren Resonanzbereiche laut Abb. 3 zu große Schwellwerte besitzen. *Die Resonanzkurve ist also, wie noch einmal zusammenfassend festgestellt sei, unter unseren Voraussetzungen überall durch den Ausschlag $h_k A_k$ der inhomogenen Schwingung, also durch die am Schluß von Abschnitt 3c zusammengestellte Funktion $A_k(q_k)$, gegeben, abgesehen von dem kleinen Intervall um $q_k = 2$, in dem die Resonanzkurve unstetig den Wert ∞ annehmen kann.* Als wichtig ist noch zu erwähnen das Maximum $h_k A'_{k\,\max}$, das die Resonanzkurve im Punkt $q_k = \tfrac{1}{2}$ annimmt (Abb. 8). Wenn dieses Maximum größere Werte erreicht (Abb. 7), so ist dafür wie schon oben erwähnt allein der Koeffizient $b_2 \approx A'_{k\,\max}$ maßgebend. Die Stabschwingung verläuft dann nach (51) zeitlich im wesentlichen nach dem Gesetz $b_2 \sin 2\omega t$, hat also wegen $q_k = \tfrac{1}{2}$ die Frequenz $2\omega = \omega_k$.

Der Stab kann also für drei verschiedene Werte der Erregerfrequenz ω große oder wenigstens merkliche Schwingungen ausführen, die man als Resonanzschwingungen bezeichnen muß, nämlich für

1. Erregerfrequenz = doppelte Eigenfrequenz,
2. Erregerfrequenz = Eigenfrequenz,
3. Erregerfrequenz = halbe Eigenfrequenz.

In allen drei Fällen wird die Eigenschwingung des Stabes mit der Frequenz ω_k angeregt. Der Schwingungsausschlag wird im Fall 1 unendlich oder Null, im Fall 2 endlich oder unendlich, im Fall 3 endlich und verhältnismäßig klein. Interessant ist, daß auch im Fall 2, dem „Normalfall" der Schwingungslehre (vgl. Einleitung), die Schwingungsamplitude theoretisch trotz der Dämpfung bis zu Unendlich ansteigen kann, was bekanntlich beim Stab unter reiner schwingender Querbelastung nicht vorkommt. Praktisch ist natürlich das theoretisch gefolgerte Unendlichwerden der Ausschläge nicht möglich, aber es weist jedenfalls auf eine unzulässige und gefährliche Überbeanspruchung des Materials hin.

Die Schwingungsamplituden in den drei Resonanzfällen hängen stark von der Dämpfung ab, und zwar derart, daß mit sinkendem ϑ_k im Fall 1 die Instabilität der homogenen Schwingung begünstigt und die Geschwindigkeit der Aufschaukelung vergrößert wird [vgl. (I)], während in den Fällen 2 und 3 nach Abb. 6 und 7 die Resonanzamplitude ansteigt. Außerhalb der Resonanzstellen dagegen sind die Schwingungsausschläge [bestimmt durch (47)] im wesentlichen unabhängig von der Dämpfung.

Die Ergebnisse wurden bis jetzt für allgemeines k, also für Grund- und Oberschwingungen gemeinsam formuliert. Tatsächlich trägt die Grundschwingung normalerweise am meisten zu der Gesamtschwingung des Stabes bei, während die Oberschwingungen im allgemeinen dagegen zurücktreten. Bezüglich der homogenen Schwingung wurde dies schon in (I) besprochen. Für die inhomogene Schwingung geht das Verhältnis von Grund- und Oberschwingungen aus folgenden Tatsachen hervor:

a) Der Faktor h_k des k-ten Schwingungsausschlages ist im Normalfall für $k = 1$ am größten und nimmt mit wachsendem k ab. Man erkennt dies für das Glied $\frac{4e}{\pi} g_k$ von h_k [Gleichung (19a)] aus (9) und für das Glied η_k aus (14), (9) und (12a). Ausnahmen sind allerdings möglich, und zwar dann, wenn der unbelastete Stab eine Ausbiegung $\mathfrak{y}(x)$ besitzt, die stark von einer sinus-Halbwelle abweicht. Hat der Stab beispielsweise die Form einer vollen sinus-Welle $\sin \frac{2\pi x}{l}$, während $P_0 = Q = e = 0$ ist, so tritt nach (14) und (19a) nur der Koeffizient $h_2 = \eta_2$ auf, während alle anderen h_k wegfallen. In diesem Fall wird von den inhomogenen Schwingungen nur die Oberschwingung mit der Nummer $k = 2$ angeregt. In den meisten Fällen der Praxis dürfte sich jedoch $\mathfrak{y}(x)$ nicht weit von einer einfachen sinus-Halbwelle entfernen, so daß die Koeffizienten $f_1, f_2 \ldots$ und damit erst recht die Koeffizienten $h_1, h_2 \ldots$ eine abnehmende Reihe bilden.

b) Die Kennzahl ε_k, die für die Größe des Faktors A_k maßgebend ist, nimmt nach (19) mit wachsendem k offensichtlich stark ab. Dasselbe gilt daher auch für A_k.

c) Das logarithmische Dekrement ϑ_k würde nach (19) und (20) mit wachsendem k abnehmen, wenn der Koeffizient ζ bzw. β eine Konstante des Stabes wäre. Das würde in den Resonanzfällen auf eine Vergrößerung der Ausschläge der Oberschwingungen hinwirken. Doch kann die Abnahme von ϑ_k mit wachsendem k nicht mit der Wirklichkeit übereinstimmen, mindestens was die Werkstoffdämpfung anbelangt, die schon weitgehend experimentell erforscht ist, während die äußere Dämpfung an betriebsmäßig in technische Tragwerke eingebauten Stäben wohl noch nie gemessen wurde. Über die Werkstoffdämpfung ist folgendes zu sagen: Der Energieverlust bei schwingender Verformung eines Körpers (Hysteresis) ist bei unseren üblichen Baustoffen unabhängig von der Frequenz der Schwingung, wächst aber mit der Amplitude der Verformungen und Beanspruchungen sehr stark an[1]. Im Einklang damit findet man bei Ausschwingversuchen an Biegestäben, daß das logarithmische Dekrement der freien Stabschwingungen keine Konstante während des Ausschwingvorganges ist, sondern von größeren zu kleinen Werten abnimmt[2], um schließlich einen kleinen konstanten Grenzwert zu erreichen[3]. Nun sind bei gleichen Ausschlägen von Oberschwingungen und Grundschwingung die ersteren mit größeren Beanspruchungen verbunden als die letztere, müssen also auch ein durchschnittlich größeres Dekrement haben. Bei gleichen Beanspruchungen dagegen dürften die Dekremente von Grund- und Oberschwingungen gleich sein, da die Dämpfung ja unabhängig von der Frequenz ist. Rechnet man, wie wir das tun, mit überschlägigen konstanten Mittelwerten für das logarithmische Dekrement, die ungefähr in den Bereich der beobachteten Werte fallen sollen, so wird man ϑ_k für wachsendes k mindestens nicht abnehmen, eher zunehmen lassen. Das bedeutet nach (19), daß man unseren ursprünglichen Dämpfungsansatz $\zeta \frac{\partial y}{\partial t}$ etwas mehr der Wirklichkeit angleicht, indem man für jede Oberschwingung mit anderer Nummer k eine andere, und zwar mit k wachsende Dämpfungskonstante ζ benutzt.

Die unter a bis c aufgeführten Punkte bewirken gemeinsam, daß die Amplituden der inhomogenen Oberschwingungen im allgemeinen um so kleiner ausfallen, je höher die Ordnungszahl k ist. Für die zu den Oberschwingungen gehörenden Beanspruchungen des Materials gilt das auch, aber in geringerem Grade, weil die Spannungen gegenüber den Auslenkungen noch den Faktor k^2 enthalten. Man findet die Biegespannungen aus den Biegelinien der einzelnen Schwingungen in bekannter Weise durch zweimalige Differentiation, und es ergibt sich für die Spannungsmaxima

$$(53) \qquad \sigma_k = h_k A_k \left(\frac{k\pi}{l}\right)^2 \frac{EJ}{W} = h_k A_k k^2 \frac{P_E}{W},$$

---

[1] Vgl. z. B. Handbuch der Physik, herausgeg. von H. Geiger u. K. Scheel, Bd. 6, S. 33. Berlin 1928.
[2] Hempel, M.: Das Verhalten einiger Werkstoffe bei dynamischer Biegungsbeanspruchung. Forsch. Ing.-Wes. Bd. 2 (1931) S. 327.
[3] Förster, F. u. W. Köster: Elastizitätsmodul und Dämpfung in Abhängigkeit vom Werkstoffzustand. Z. Metallkde. Bd. 29 (1937) S. 116.

wobei W das Widerstandsmoment des Stabquerschnitts bedeutet. Die schwingenden Biegespannungen mit den Amplituden (53) überlagern sich den jeweils vorhandenen statischen Spannungen. Daneben sind die von der schwingenden Last außerdem erzeugten einfachen Zug- und Druckspannungen mit der Amplitude P_1/F ($F =$ Stabquerschnitt) meist weniger von Bedeutung.

5. Beispiele und praktische Folgerungen.

1. Beispiel.

Wir betrachten den schon in der Arbeit (I) im 5. Abschnitt behandelten stählernen Druckstab:

Querschnitt: Normalprofil $\perp$ 14,
Länge: $l = 3$ m,
Kräfte: $Q = 0$
$P_0 = 20000$ kg,
$P_1 = 2000$ kg,
Exzentrizität: $e = 0$,
Dämpfung: $\vartheta_1 = 0{,}01$.

In (I) war vorausgesetzt worden, daß der Stab vollkommen gerade ist. Infolgedessen fand sich nur dann Resonanz, wenn die Erregerfrequenz ω doppelt so groß wie eine der Grundeigenfrequenzen des Stabes war. Jetzt wollen wir annehmen, daß der Stab im spannungslosen Zustand eine kleine Ausbiegung in Richtung der Querschnittshauptachse mit dem kleineren Trägheitsmoment zeigt, und zwar möge in Stabmitte der größte Biegepfeil $f = 1$ mm gemessen werden. Die genaue Form der Biegelinie wird man praktisch kaum kennen, deshalb empfiehlt es sich, einfach $f_1 = f$ und $f_2 = f_3 = \cdots = 0$ zu setzen. Nach (19a) und (14) ist dann $h_2 = h_3 = \cdots = 0$, so daß wir nur die inhomogene Grundschwingung in Richtung des Biegepfeils f in Betracht zu ziehen haben. Wir wollen feststellen, welche maximale dynamische Beanspruchung aus der Vorkrümmung der Stabachse entstehen kann. In (I) fand sich $P_E = 75900$ kg, also ist

$$h_1 = \eta_1 = f \frac{P_E}{P_E - P_0} = 0{,}136 \text{ cm}.$$

Ferner ist nach (I) $\varepsilon_1 = 0{,}036$, woraus nach Abb. 6 und 7

$$A_{1\,\mathrm{max}} = 11{,}5, \quad A'_{1\,\mathrm{max}} = 0{,}29$$

folgt. Für den Hauptresonanzfall $\omega = \omega_1$ ($= 1322$ Schw/min) ist also der Schwingungsausschlag der Stabmitte

$$z = h_1 A_{1\,\mathrm{max}} = 1{,}56 \text{ cm}$$

und die zugehörige Biegespannungsamplitude nach (53)

$$\sigma_1 = h_1 A_{1\,\mathrm{max}} \frac{P_E}{W} = 2510 \text{ kg/cm}^2.$$

Für den Fall $\omega = \frac{\omega_1}{2}$ findet man $\frac{0{,}29}{11{,}5} = 0{,}025$mal kleinere Werte.

Der letztere Fall ist also ganz harmlos, während man bei Zusammentreffen der Erregerfrequenz mit der tiefsten Eigenfrequenz in der Tat erhebliche Schwingungsausschläge und Spannungen zu erwarten hat.

2. Beispiel.

Horizontaler Biegeträger aus Stahl $\mathbf{I}$ P 14 mit lotrecht stehendem Stegblech, der unbelastet vollkommen gerade sei.

Länge: $l = 6$ m,
Kräfte: $P_0 = 0$,
$P_1 = 1500$ kg,
$Q = 2500$ kg (Gleichlast),
Dämpfung: $\vartheta_k = 0{,}01$ für alle k.

Beispiele und praktische Folgerungen. 21

Angriffspunkt der Längskraft: Im waagerechten Abstand $e = 1$ cm vom Mittelpunkt des Querschnitts.

Die Biegespannung infolge der statischen Lasten ist

$$\sigma = \frac{Ql}{8W} = 865 \text{ kg/cm}^2;$$

ihr überlagern sich die schwingenden Spannungen. Wir betrachten die Schwingungen in der lotrechten und der waagerechten Richtung (großes und kleines Querschnittsträgheitsmoment) gesondert.

a) Schwingungen in lotrechter Richtung.

In der lotrechten Achse des Querschnitts greift die Längskraft nicht außermittig an, es ist also hier $e = 0$ zu setzen, ferner $f_k = 0$ für alle k. Wir stellen die erforderlichen Zahlenwerte zusammen [Gleichungen (12a), (14), (19), (19a), (20)]:

$$P_E = 87\,500 \text{ kg} \qquad \mu = \frac{Q}{981\,l} = 0{,}00425 \frac{\text{kg sec}^2}{\text{cm}^2}$$

$$\omega_1 = \frac{\pi}{l}\sqrt{\frac{P_E}{\mu}} = 23{,}8 \frac{1}{\text{sec}} \ (= 227 \text{ Schw/min})$$

$$\varepsilon_1 = P_1/P_E = 0{,}0172 \qquad h_1 = \eta_1 = m_1/P_E = 2{,}21 \text{ cm}$$

$$\varepsilon_2 = P_1/4\,P_E = 0{,}0043 \qquad h_2 = \eta_2 = 0$$

$$\varepsilon_3 = P_1/9\,P_E = 0{,}0019 \qquad h_3 = \eta_3 = m_3/9\,P_E = 0{,}009 \text{ cm}.$$

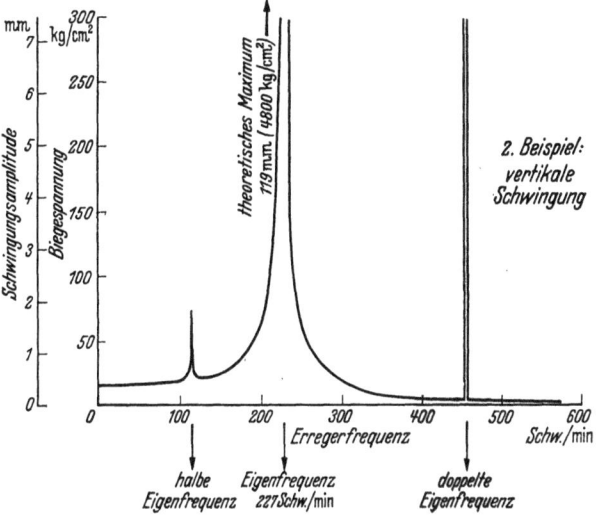

Abb. 9. Ausschläge und Biegespannungen der vertikalen Grundschwingung von Beispiel 2.

Auf Grund dieser Werte kann man die Faktoren A_k wie am Schluß von Abschnitt 3 angegeben bestimmen und damit die inhomogenen Schwingungsausschläge $h_k A_k$ und Biegespannungen (53) für $k = 1$ und 3 berechnen, ferner an Hand von Abb. 2 und 3 feststellen, wann die homogenen Schwingungen instabil werden können. Die Ergebnisse sind für die Grundschwingung in Abb. 9 in Form einer Resonanzkurve aufgetragen. Das Diagramm dürfte aus sich selbst verständlich sein.

Die Oberschwingung $k = 2$ wird überhaupt nicht angeregt, und zwar die inhomogene wegen $h_2 = 0$ und die homogene wegen $\varepsilon_2 < \varepsilon_0$.

Von der Oberschwingung $k = 3$ wird der inhomogene Teil wegen $h_3 \neq 0$ zwar angeregt, bleibt aber so klein (die Spannungsamplitude für $\omega = \omega_3$ beträgt 20 kg/cm²), daß er vernachlässigt werden kann. Dasselbe gilt für alle höheren Oberschwingungen $k > 3$.

b) Schwingungen in waagerechter Richtung.

Für die waagerechte Richtung ist[1]

$$P_E = 31\,600 \text{ kg}$$

$$\omega_1 = 14{,}3 \frac{1}{\text{sec}} \ (= 136{,}5 \text{ Schw/min})$$

$$\omega_2 = 4\,\omega_1, \quad \omega_3 = 9\,\omega_1.$$

Wegen $Q = P_0 = 0$ ist nach (14) $\eta_k = 0$, ferner nach (9), (19) und (19a)

$$\varepsilon_1 = 0{,}0475 \qquad h_1 = \frac{4e}{\pi} = 1{,}27 \text{ cm}$$

$$\varepsilon_2 = 0{,}0119 \qquad h_2 = 0$$

$$\varepsilon_3 = 0{,}0053 \qquad h_3 = \frac{4e}{3\pi} = 0{,}42 \text{ cm}.$$

---

[1] Dabei ist angenommen, daß die volle Last 2500 kg auch in waagerechter Richtung mitschwingt.

Über die Schwingungsausschläge und Spannungen, die wie unter a aus diesen Zahlen folgen, gibt Abb. 10 einen Überblick, und zwar getrennt für Grund- und Oberschwingungen. Es ist diesmal notwendig, neben der Grundschwingung auch die ersten Oberschwingungen zu berücksichtigen. Die Grundschwingung zeigt neben den üblichen Resonanzstellen $\omega = 2\omega_1$ und $\omega = \omega_1$ auch eine deutliche Resonanz für $\omega = \frac{\omega_1}{2}$. Der Schwingungsausschlag ist immerhin merklich und die zugehörige Biegespannung zwar nicht unmittelbar gefährlich, aber neben der schon vorhandenen statischen Spannung von 865 kg/cm² doch beachtenswert.

Der inhomogene Teil der Oberschwingung $k = 2$ tritt wegen $h_2 = 0$ nicht auf. Der homogene Teil wird instabil für $\omega = 2\omega_2$ ($q_2 = 2$), weil ε_2 größer als der Schwellwert $\varepsilon_0 = 0{,}0064$ des 1. Resonanzbereichs (Abb. 3) ist.

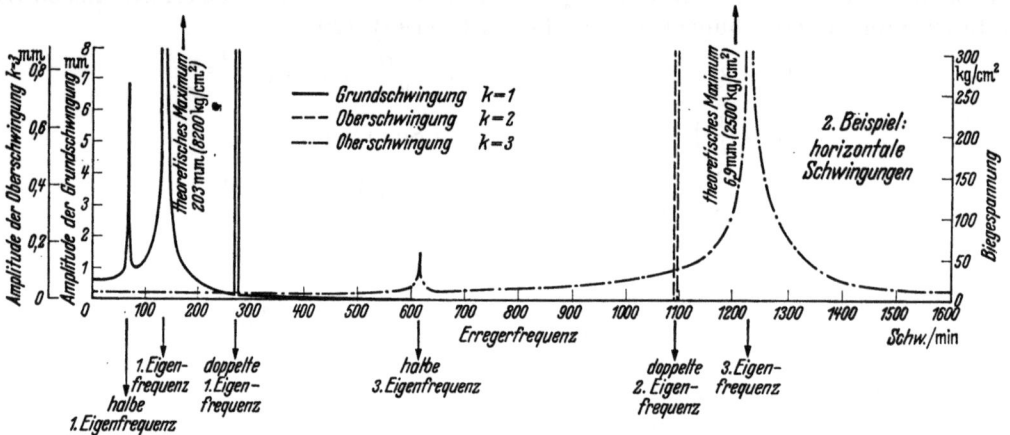

Abb. 10. Ausschläge und Biegespannungen der horizontalen Schwingungen von Beispiel 2.

Für höhere k kommt keine Instabilität der homogenen Schwingungen mehr vor, da ε_k für $k > 2$ kleiner als der kleinste Schwellwert $\varepsilon_0 = 0{,}0064$ ist. Dagegen zeigt die inhomogene Oberschwingung $k = 3$ nach Abb. 10 eine kräftige Resonanz für $\omega = \omega_3$ ($q_3 = 1$). Das theoretische Maximum des Ausschlages ist zwar nur 6,9 mm gegenüber der Maximalamplitude 203 mm der Grundschwingung, aber die zugehörige Biegespannungsamplitude wird 2500 kg/cm², d. h. immer noch unzulässig groß.

Ebenso kann man feststellen, daß die folgenden Oberschwingungen ungerader Nummer für $\omega = \omega_k$ noch beträchtliche Resonanzspitzen haben. Doch kommt man, da die Eigenfrequenzen mit k quadratisch wachsen, sehr bald zu Erregerfrequenzen, für welche die Stabbiegeschwingungen durch unsere Theorie nicht mehr beherrscht werden, weil man in die Größenordnung der ersten Eigenfrequenz der Stablängsschwingungen gelangt.

Es ist sehr bemerkenswert und wichtig, daß die Oberschwingungen mit wachsendem k bei außermittigem Angriff der Längskraft (Beispiel 2b) offenbar viel langsamer abnehmen als bei zentrischer Längskraft und statischer Querbelastung (Beispiel 2a). Das gilt allgemein und rührt mathematisch ausgedrückt davon her, daß die Koeffizienten $\frac{4e}{\pi k}$ mit wachsendem k viel langsamer abnehmen als die η_k, mechanisch gesprochen aber daher, daß das durch die Exzentrizität e bedingte Biegemoment $P_1 e \cos \omega t$ als Funktion von x betrachtet die Oberschwingungsformen $\sin \frac{k \pi x}{l}$ stärker enthält [Gleichung (8)] und infolgedessen die Oberschwingungen des Stabes stärker anregt als das von der Gleichlast Q herrührende Biegemoment $P_1 \eta(x) \cos \omega t$ [Gleichung (10)].

Die Zahlwerte der Ausschläge und Spannungen unserer Beispiele sind natürlich wie schon früher betont in den verschiedenen Resonanzpunkten stark von der Dämpfung abhängig. Sie sind hier also ziemlich unsicher und wären im praktischen Fall schon deshalb nicht genau zu bestimmen, weil man die Größe der Dämpfung nicht kennen wird. Aber auch ohne diese Kenntnis geben unsere Rechnungen wenigstens Anhaltspunkte für die möglichen Schwingungsbeanspruchungen eines Stabes und die Gefährlichkeit der verschiedenen Resonanzstellen und lassen damit einige praktisch wichtige Folgerungen zu, die im folgenden kurz zusammengestellt werden sollen.

Praktische Folgerungen.

1. Vorausgeschickt sei der von vornherein einleuchtende Hinweis, daß man den erzwungenen Schwingungen eines in der angenommenen Weise belasteten Stabes und insbesondere den in den folgenden Punkten 3—5 genannten Hauptresonanzmöglichkeiten um so mehr Beachtung schenken muß, je größer die schwingende Last $P_1 \cos \omega t$, die statische Ausbiegung, die Exzentrizität e oder schließlich die Schlankheit des Stabes ist. Quantitatives darüber sagen die vorstehend entwickelten Rechnungen aus.

2. Fällt die Erregerfrequenz ω nicht in eine Resonanzstelle oder in die unmittelbare Nähe einer solchen, so sind die Schwingungen im allgemeinen unbedeutend.

3. In erster Linie sollte man vermeiden, daß ω in die Nähe einer der Grundeigenfrequenzen oder des Doppelten davon kommt.

4. Unter Umständen kann es auch gefährlich sein, wenn ω den halben Wert einer Grundeigenfrequenz annimmt, und zwar dann, wenn die Amplitude P_1 der schwingenden Last verhältnismäßig groß (einige Prozent der Eulerlast P_E) ist und der Stab schon durch die statischen Lasten bis nahe an die zulässige Grenze beansprucht wird. Auch die doppelte zweite Eigenfrequenz kommt für großes P_1 als Resonanzfrequenz in Betracht.

5. Wenn die Angriffslinie der Längskraft merklich exzentrisch liegt, sollte man schließlich darauf achten, daß ω nicht mit einer höheren Stabeigenfrequenz ungerader Nummer (hauptsächlich der 3. Eigenfrequenz) zusammentrifft.

6. Durch die Einführung von Stoßzahlen und sonstigen Koeffizienten, wie sie in der Baupraxis zur Berücksichtigung stoßender und schwingender Belastung gebräuchlich sind, kann man keine vollständige Sicherung gegen das Auftreten unzulässig großer erzwungener Schwingungen erreichen, solange man über den Abstand der Erregerfrequenz von den verschiedenen Resonanzstellen nicht unterrichtet ist. Das gilt übrigens nicht nur für den hier behandelten Stab, sondern allgemein für alle elastischen Tragwerke unter schwingenden Lasten. Die Stoßzahlen bedingen in einseitiger Weise eine Verstärkung der Bauglieder und damit eine Verschiebung der Eigenfrequenzen nach oben. Das mag in vielen Fällen zweckmäßig sein. Es sind aber genau so auch Fälle denkbar, in denen das Tragwerk durch Erhöhung der Eigenfrequenzen gerade erst in Resonanz mit der erregenden Kraft gebracht wird. Entscheidungen über die richtigen Maßnahmen zur Schwingungsverhütung können nur von Fall zu Fall getroffen werden und erfordern stets eine vorausgehende Abschätzung der Eigenfrequenzen.

6. Zusammenfassung.

In der vorliegenden Arbeit werden die Querschwingungen eines schwach gekrümmten Stabes berechnet, der durch eine gleichförmig verteilte statische Querlast und eine exzentrisch mit gleichen Hebelarmen an beiden Stabenden wirkende pulsierende Längslast beansprucht ist. Der Bewegungsablauf wird durch die Lösung einer inhomogenen linearen Differentialgleichung mit periodischen Koeffizienten gegeben, deren Integration für solche Werte der Dämpfung und der Kräfte, die den normalen Verhältnissen der Praxis entsprechen, mit genügender Genauigkeit gelingt.

Es ergibt sich, daß der Stab zunächst einmal diejenige Schwingungsbewegung ausführt, die er auch ausführen würde, wenn er ganz gerade wäre, keine Querlast trüge und von der Längskraft streng zentrisch angegriffen würde. Darüber lagert sich eine periodische Schwingungsbewegung mit der Periode der schwingenden Last, bedingt durch die ständige Stabausbiegung und die Außermittigkeit der Längskraft. Die erstgenannte („homogene") Schwingung klingt wie bekannt im allgemeinen ab, außer in gewissen in einer früheren Arbeit ausführlich diskutierten Fällen, in denen unbegrenzte Schwingungsaufschaukelung (Resonanz) eintritt. Der wichtigste solche Resonanzfall ist der, daß die Frequenz der erregenden Kraft mit dem doppelten Wert einer Eigenfrequenz des Stabes zusammenfällt. Die zweitgenannte („inhomogene") Schwingung hat meist kleine Ausschläge, die aber ein bedeutendes, unter Umständen sogar theoretisch unendlich großes Maximum erreichen können, falls die Erregerfrequenz mit einer Eigenfrequenz übereinstimmt, ferner ein zweites sehr viel kleineres Maximum, wenn die Erregerfrequenz dem halben Wert einer Eigenfrequenz gleichkommt.

Die für die Praxis wichtigsten Folgerungen aus unseren Untersuchungen sind am Schluß von Abschnitt 5 zusammengestellt.

Der n-stielige Stockwerksrahmen ist n-fach unbestimmt.
Über ein Verfahren zur Berechnung hochgradig statisch unbestimmter Systeme mit der kleinstmöglichen Anzahl Unbekannter.

Von Dipl.-Ing. A. Thoms, Hamburg.

Mit 28 Abbildungen.

Einleitung.

Im „Stahlbau" 1933, S. 145, wies Hertwig [4][1] darauf hin, daß sich bei der Berechnung statisch unbestimmter Systeme die Anzahl der zu ermittelnden Unbekannten unter Umständen verschieden groß ergibt, je nachdem, ob Kraftgrößen oder Formänderungsgrößen als Unbekannte eingeführt werden, und unterscheidet dementsprechend das „Kraftgrößenverfahren" und das „Formänderungsgrößen-Verfahren". (Für das letztere findet sich, von Ostenfeld eingeführt, auch die Bezeichnung „Deformationsmethode"[2].)

Diese Feststellung Hertwigs wirft nun die Frage auf, auf welche Mindestzahl zu ermittelnder Unbekannter die Berechnung eines gegebenen hochgradig statisch unbestimmten Systems bei Anwendung des Formänderungsgrößen-Verfahrens beschränkt werden kann.

Allen bisher auf dieser Grundlage entwickelten Verfahren ist nun eigentümlich, daß sie, auf Stockwerksrahmen angewandt, stets eine Reihe von Gleichungen übrig lassen, die zur Berechnung der Unbekannten nicht mehr benötigt werden und daher nur noch Verwendung als Kontrollgleichungen finden. Diese Tatsache läßt darauf schließen, daß bei diesen Verfahren die bei der Berechnung von Stockwerksrahmen erreichbare Mindestzahl zu ermittelnder Unbekannter überschritten wird.

Eine weitere Eigenheit dieser Verfahren ist es, daß sie den Einfluß eines belasteten Stabes auf die anschließenden Unbekannten verfolgen, und hinsichtlich der Aufstellung von Einflußlinien in einem Rechengang daher den auf den Stab entfallenden Zweig sämtlicher Unbekannter gewinnen.

Im folgenden wird ein Verfahren entwickelt, das aus später ersichtlichen Gründen als „Verfahren der β_{nn}-Linien" bezeichnet werden mag, bei dem im Gegensatz hierzu gewissermaßen der Einfluß der Unbekannten auf die anschließenden Stäbe verfolgt wird, da bei ihm in einem Rechengang für eine Unbekannte die Einflußlinie über sämtliche Stäbe gewonnen wird.

Außerdem ermöglicht es, bei der Berechnung starr gestützter Rechteckrahmen mit waagerecht frei beweglichen Riegeln sowie allseitig gelagerter, rechteckiger Trägerroste die Ausnutzung aller Bedingungsgleichungen und damit die Feststellung der Mindestzahl der bei diesen Systemen zu ermittelnden Unbekannten.

Diese ergibt sich

a) für einstöckige, unten offene Rechteckrahmen bei beliebiger Stützenzahl zu 2,

b) für einstöckige Rechteckrahmen mit unterem Riegel bei beliebiger Stützenzahl zu 3,

c) für n-stielige Stockwerksrahmen mit großer Stockwerksanzahl zu n,

d) für Vierendeelträger zu 2,

e) für allseitig gelagerte, viereckige Trägerroste mit $m(m+n)$ Kreuzungsstellen zu m.

---
[1] Siehe Schrifttums-Verzeichnis am Schluß.
[2] Ostenfeld, A.: Die Deformationsmethode. Berlin: Springer 1926. — Mann, L.: Theorie der Rahmentragwerke auf neuer Grundlage. Berlin: Springer 1927. — Krabbe: Verschiedene Arbeiten im „Stahlbau". — Andruszewicz, St. [10] enthält eine Gegenüberstellung von K.-V. und F.-V.

Die Durchführung eines Verfahrens für Kraftgrößen und Formänderungsgrößen im 9. Abschnitt läßt außerdem deutlich erkennen, worauf einerseits die Herabminderung der zu ermittelnden Unbekannten zurückzuführen ist, anderseits die Überlegenheit des Formänderungsgrößen-Verfahrens beruht, so daß diese Gesichtspunkte im Zusammenhang am Schlusse noch einmal zusammengestellt werden können.

Das Wesentliche der β_{nn}-Linien.

1. Die Belastungsbeiwerte β_{ik}.

Die Elastizitätsgleichungen für starr gestützte Stabwerke, bei denen der Einfluß der Normal- und Querkräfte vernachlässigt werden darf, lauten:

(1)
$$\begin{aligned}
1)\ & \delta_{11} X_1 + \delta_{12} X_2 + \delta_{13} X_3 + \cdots + \delta_{1n} X_n + \cdots + \delta_{1z} X_z = -\delta_{10} \\
2)\ & \delta_{21} X_1 + \delta_{22} X_2 + \delta_{23} X_3 + \cdots + \delta_{2n} X_n + \cdots + \delta_{2z} X_z = -\delta_{20} \\
& \quad - \\
n)\ & \delta_{n1} X_1 + \delta_{n2} X_2 + \delta_{n3} X_3 + \cdots + \delta_{nn} X_n + \cdots + \delta_{nz} X_z = -\delta_{n0} \\
& \quad - \\
z)\ & \delta_{z1} X_1 + \delta_{z2} X_2 + \delta_{z3} X_3 + \cdots + \delta_{zn} X_n + \cdots + \delta_{zz} X_z = -\delta_{z0}
\end{aligned}$$

oder in abgekürzter Form

(2) $$\sum_{i=1}^{z} \delta_{ni} \cdot X_i = -1 \cdot \delta_{n0} + 0 \cdot \delta_{(n \pm a)0}; \quad \text{für } n = 1 \text{ bis } n = z.$$

Ihre Lösung sei

(3) $$X_n = \beta_{n1} \cdot \delta_{10} + \beta_{n2} \cdot \delta_{20} + \cdots + \beta_{ni} \cdot \delta_{i0} + \cdots + \beta_{nn} \cdot \delta_{n0} + \cdots \beta_{nz} \cdot \delta_{z0}$$

oder in abgekürzter Form

(4) $$X_n = \sum_{i=1}^{z} \beta_{ni} \cdot \delta_{i0}.$$

Die Bedeutung der Belastungsbeiwerte β_{ik} ist durch die Gleichungen (3) und (4) hinreichend gekennzeichnet.

Mit Hilfe der Determinanten des Gleichungssystems (1) ergibt sich β_{ik} zu

(5) $$\beta_{ik} = (-1)^{(i+k+1)} \frac{D_{ik}}{D}.$$

Handelt es sich bei dem Gleichungssystem (1) um Elastizitätsgleichungen, so wird mit $\delta_{ik} = \delta_{ki}$

(6) $$\delta_{ik} = \delta_{ki}; \quad \beta_{ik} = \beta_{ki}.$$

Die Werte β_{ni} der Gleichung (4) sind nun richtig berechnet, wenn sie den Bedingungen genügen

(7) $$\delta_{n0} \cdot \sum_{i=1}^{z} \beta_{ni} \cdot \delta_{ni} = -1 \cdot \delta_{n0};$$

(8) $$\delta_{(n \pm a)0} \cdot \sum_{i=1}^{z} \beta_{(n \pm a)i} \cdot \delta_{ni} = 0 \cdot \delta_{(n \pm a)0};$$

oder

(8a) $$\sum_{i=1}^{z} \beta_{ni} \cdot \delta_{(n \pm a)i} = 0.$$

Wird der Einfluß der Normal- und Querkräfte auf die Verformungen vernachlässigt, so ist:

$$(9) \qquad \delta_{(n\pm a)i} = \int \frac{M_{(n\pm a)} \cdot M_i}{E \cdot J} ds$$

und man erhält für Gleichung (8a) mit Gleichung (9)

$$(10) \qquad \sum_{i=1}^{z} \beta_{ni} \cdot \delta_{(n\pm a)i} = \int M_{(n\pm a)} \frac{\sum_{i=1}^{z} \beta_{ni} \cdot M_i}{E \cdot J} ds = 0.$$

In Gleichung (10) ist $M_{(n\pm a)}$ die Momentenfläche am statisch bestimmten Hauptsystem infolge des Lastangriffes $X_{(n\pm a)} = 1$, M_i diejenige infolge des Lastangriffes $X_i = 1$. Dann stellt $\beta_{ni} \cdot M_i$ die Momentenfläche infolge des Lastangriffes $X_i = \beta_{ni}$ und $\sum_{i=1}^{z} \beta_{ni} \cdot M_i$ den Momentenverlauf infolge des gleichzeitigen Angriffes aller Unbekannten in der Größe $X_i = \beta_{ni}$ dar. Dieser Momentenverlauf sei durch das Symbol $\overline{M}_{\beta n}$ gekennzeichnet. Es ist also

$$(11) \qquad \overline{M}_{\beta n} = \sum_{i=1}^{z} \beta_{ni} \cdot M_i.$$

2. Der Momentenverlauf $\overline{M}_{\beta n} = \sum_{i=1}^{z} \beta_{ni} \cdot M_i$ (β_{nn}-Linie).

Nach Gleichung (10) und (11) ist der Momentenverlauf $\overline{M}_{\beta n}$ durch die 1. Verträglichkeitsbedingung

$$(12) \qquad \int \frac{M_{(n\pm a)} \cdot \overline{M}_{\beta n}}{E \cdot J} \cdot ds = 0; \quad a \neq 0$$

gekennzeichnet. Gleichung (12) besagt, daß der Momentenverlauf $\overline{M}_{\beta n}$ ein Momentenverlauf am statisch unbestimmten System ist, da er mit den statisch Überzähligen $X_{(n\pm a)}$; $a \neq 0$ keinerlei Verformungen mehr ergibt, sich mit ihnen also im Gleichgewichtszustande befindet.

Aus Gleichung (7), (9) und (11) erhält man als 2. Verträglichkeitsbedingung:

$$(13) \qquad \int \frac{M_n \cdot \overline{M}_{\beta n}}{E \cdot J} \cdot ds = -1.$$

Das bedeutet, daß der Momentenverlauf $\overline{M}_{\beta n}$ im Bereich der Unbekannten X_n so zu bestimmen ist, daß die Verformung mit der positiv einzusetzenden Momentenfläche M_n infolge des Lastangriffes X_n am statischen Hauptsystem gleich -1 wird. Da der Momentenverlauf $\overline{M}_{\beta n}$ nun nach den Ausführungen des vorigen Abschnittes ein $X_n = \beta_{nn}$ voraussetzt, alle $X_{(n\pm a)}$ nach Gleichung (12) aber nur in solcher Größe auftreten, daß sich ein Momentenverlauf am statisch unbestimmten System einstellt, so ist der Momentenverlauf $\overline{M}_{\beta n}$ der Momentenverlauf am statisch $(z-1)$-fach unbestimmten System infolge des Lastangriffes $X_n = \beta_{nn}$. Als solcher trage er die Bezeichnung „β_{nn}-Linie".

Die β_{nn}-Linie ist der Momentenverlauf $\overline{M}_{\beta n}$ am statisch $(z-1)$-fach unbestimmten System infolge des Lastangriffes $X_n = \beta_{nn}$.

In Gleichung (4): $X_n = \sum_{i=1}^{z} \beta_{ni} \cdot \delta_{i0}$ ist unter der Voraussetzung starrer Stützung und bei Vernachlässigung des Einflusses der Normal- und Querkräfte

$$(14) \qquad \delta_{i0} = \int \frac{M^{(0)} \cdot M_i}{E \cdot J} ds,$$

wenn $M^{(0)}$ die Momentenfläche am statisch bestimmten Hauptsystem infolge der Belastung darstellt. Es wird daher mit Gleichung (14) und (11):

(14a) $$X_n = \sum \beta_{ni} \cdot \delta_{io} = \int M^{(0)} \frac{\sum \beta_{ni} \cdot M_i}{E \cdot J} ds,$$

(15) $$X_n = \int \frac{M^{(0)} \cdot \overline{M}_{\beta n}}{E \cdot J} ds.$$

Aus Gleichung (15) ergibt sich, daß, wenn der Momentenverlauf $\overline{M}_{\beta n}$ bekannt ist, der Einfluß jeder beliebigen Belastung auf die Unbekannte X_n — und damit auch ihre Einflußlinie über sämtliche Stäbe — ermittelt werden kann.

Die Berechnung jedes statisch unbestimmten Systems kann mithin auch derart erfolgen, daß zunächst seine β_{nn}-Linien mit Hilfe der beiden Verträglichkeitsbedingungen (12) und (13) ermittelt werden. Erst wenn dies geschehen ist, dann wird der Einfluß der Belastung auf die statisch Überzähligen mit Hilfe der Gleichung (15) ermittelt.

Die Frage nach der Mindestzahl der für die Berechnung eines statisch unbestimmten Systems erforderlichen Unbekannten ist dann gleichbedeutend mit der Frage, wieviele Unbekannte zur Berechnung seiner β_{nn}-Linien benötigt werden.

Bevor aber diese Feststellung für die zur Untersuchung ausersehenen Systeme erfolgt, sind noch einige Besonderheiten der β_{nn}-Linie zu erörtern, die für die Erkenntnis ihrer Eigenart von besonderer Bedeutung sind.

3. Der Verlauf der β_{nn}-Linien bei beliebig gekrümmten Systemen.

Nach Gleichung (11) gilt für den Momentverlauf $\overline{M}_{\beta n}$

(11) $$\overline{M}_{\beta n} = \sum_{i=1}^{z} \beta_{ni} \cdot M_i.$$

Darin ermittelt sich β_{ni} nach Gleichung (5) aus den Determinanten des Gleichungssystems (1) zu

(5) $$\beta_{ni} = (-1)^{(n+i+1)} \frac{D_{ni}}{D}$$

und stellt somit eine feste Größe dar. Der Momentenverlauf $\overline{M}_{\beta n}$ nach Gleichung (11) nimmt daher eine den M_i-Flächen ähnliche Form an. Da M_i die Momentenfläche am statischen Hauptsystem infolge des Lastangriffes X_i ist, entsteht der Momentenverlauf $\overline{M}_{\beta n}$ aus der Überlagerung der verschiedenartig erweiterten Ordinaten aller M_i-Flächen. Man kann also die Form der β_{nn}-Linien bereits im Vorwege abschätzen und sich ein Bild darüber machen, ob es möglich sein wird, die Unbekannte nach Gleichung (15)

(15) $$X_n = \int \frac{M^{(0)} \cdot \overline{M}_{\beta n}}{E \cdot J} ds$$

in einer übersehbaren Form formelmäßig zu erfassen.

Dies wird immer im Bereich gerader Stäbe möglich sein, die zwischen zwei Stabknoten gleichbleibenden Querschnitt aufweisen. Als überzählige Schnittkräfte eines Systems kommen nur Normalkräfte, Querkräfte, Momente oder Überlagerungen dieser drei in Frage, deren Momentenflächen über einen geraden Stab stets nur einen geradlinigen Verlauf nehmen können. Es verlaufen mithin im Bereich eines geraden Stabes alle M_i geradlinig. Dann verlaufen aber auch alle $\beta_{ni} \cdot M_i$ und mithin auch $\overline{M}_{\beta n} = \sum \beta_{ni} \cdot M_i$ geradlinig über den Stab. Bei gleichbleibendem $E \cdot J$ des Stabes zwischen den Stabknoten ist dann auch der Verlauf der $\frac{1}{E \cdot J}$-fachen β_{nn}-Linie $= \frac{\overline{M}_{\beta n}}{E \cdot J}$ geradlinig.

4. Die β_{nn}-Linien gerader Stäbe gleichbleibenden Querschnitts.

Das Integral der Gleichung (15) wird für eine senkrechte Einzellast auf einem Riegel mit gleichbleibendem Querschnitt zwischen den Stabknoten nach den vorausgegangenen Ausführungen daher durch Momentenflächen nach Abb. 1 dargestellt.

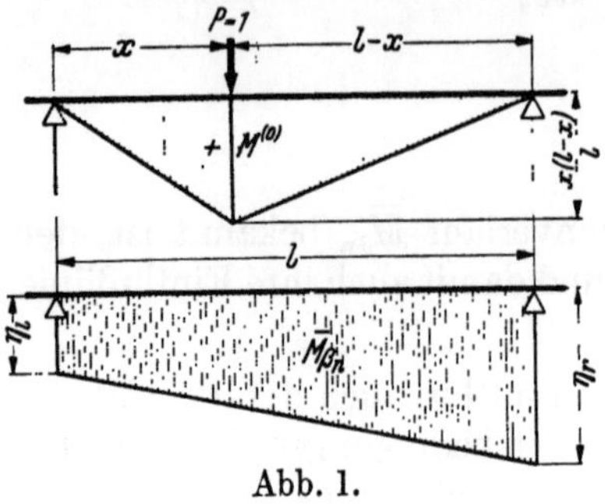

Man erhält zunächst für

(15) $$X_n = \int \frac{M^{(0)} \cdot \overline{M}_{\beta n}}{E \cdot J} ds$$

$$X_n = \left(\eta_l \frac{x(l-x)(2l-x)}{6 \cdot l \cdot E \cdot J} + \eta_r \frac{x(l-x)(l+x)}{6 \cdot l \cdot E \cdot J} \right) P$$

$$= \frac{x(l-x)}{l^3} \left[\frac{(2\eta_l + \eta_r) l}{6 \cdot E \cdot J} l + \frac{(\eta_r - \eta_l) l}{6 \cdot E \cdot J} x \right] P \cdot l$$

Abb. 1.

und mit der Substitution

(16) $$\alpha = \frac{(2\eta_l + \eta_r) l}{6 \cdot E \cdot J}; \quad \beta = \frac{(\eta_r - \eta_l) l}{6 \cdot E \cdot J}$$

(17[3]) $$X_n = \frac{x(l-x)(\alpha \cdot l + \beta \cdot x)}{l^3} \cdot P \cdot l.$$

Für andere Riegelbelastungen erscheint X_n dann in der Form

(18[3]) $$X_n = c_1 (\alpha + \beta \cdot c_2).$$

Da sich die Gleichung (17) aus den Knotenordinaten der β_{nn}-Linie mit Hilfe der Gleichung (16) gewissermaßen ablesen läßt, so stellt die β_{nn}-Linie starr gestützter, aus geraden Stäben mit gleichbleibendem Querschnitt zwischen den Stabknoten zusammengesetzter ebener Stabsysteme die Gleichung der Einflußlinien der Rahmeneckmomente genau so durch die Ordinaten gerader Linienzüge dar, wie dies die geraden Einflußlinien des Balkens auf zwei Stützen tun[4].

Wechselt bei Systemen mit geraden Stäben der Querschnitt zwischen den Stabknoten, so nimmt $\overline{M}_{\beta n}$ immer noch einen geradlinigen Verlauf über den Stab. Die Unbekannte X_n ist dann aber aus der Gleichung (15) unter Berücksichtigung des veränderlichen Trägheitsmomentes zu ermitteln.

Liegt in einem Falle die Einflußlinie in der Form der Gleichung (17) oder (18) vor, so erhält man daraus die Ordinaten der β_{nn}-Linie durch die Substitution

(19) $$\eta_l = 2(\alpha - \beta) \frac{E \cdot J}{l}; \quad \eta_r = 2(\alpha + 2\beta) \frac{E \cdot J}{l}.$$

Da die Elastizitätsgleichungen sich dadurch auszeichnen, daß alle $\delta_{ik} = \delta_{ki}$ sind, so sind nach Gleichung (6): [$\delta_{ik} = \delta_{ki}$; $\beta_{ik} = \beta_{ki}$] auch alle $\beta_{ik} = \beta_{ki}$.

---

[3] Vgl. auch Thoms: Die Berechnung harmonischer Stockwerksrahmen [3]. Die Form der Gleichung (17) findet sich in Stahlbau 1937, S. 199, unter Gleichung (54). Sie ist bei Stockwerksrahmen mit frei beweglichen Riegeln angebrachter als die vielfach übliche Darstellung mit Hilfe der $\mathfrak{L}$- und $\mathfrak{R}$-Werte, weil bei waagerecht frei beweglichen Riegeln die Einflußlinie häufig zwischen den Stabknoten das Vorzeichen wechselt, wie Stahlbau 1938, S. 13, Bild 23 und 24 zeigen. Dieser Wechsel ist in der Darstellungsweise der Gleichung (17) sofort erkennbar. Die Werte c_1 und c_2 der Gleichung (18) sind für verschiedene Belastungsfälle in Tafel V zusammengestellt.

[4] Dies erklärt sich daraus, daß die an sich kubische Gleichung (17) nur zwei von 1 verschiedene Festwerte — nämlich die Werte α und β — enthält. Die Gleichung der Einflußlinie der Eckmomente gerader Stäbe gleichbleibenden Querschnitts ist daher stets durch zwei von Null verschiedene Ordinaten festgelegt, wenn die zugehörigen Abszissen ebenfalls bekannt sind. Man kann die Gleichung der Einflußlinie daher auch aus zwei Tabellenwerten der Tabellenwerke von Anger, Griot u. a. ermitteln, wenn auch der Zahlenabrundungen wegen nur angenähert.

Im übrigen war diese Möglichkeit, die Gleichung der Einflußlinien der Eckmomente gerader Stäbe gleichbleibenden Querschnitts durch gerade Linienzüge darzustellen, der Anlaß zur allgemeinen Untersuchung dieser Linienzüge.

Dieser Zusammenhang ist für solche Systeme von Bedeutung, bei denen die Möglichkeit besteht, die Überzähligen so zu wählen, daß max $M_n = +1$ wird, während gleichzeitig für $M_n = 1$ alle $M_{(n \pm a)} = 0$ werden (z. B. Durchlaufbalken und Rechteckrahmen). Dann wird die Ordinate der $\beta_{(n \pm a)(n \pm a)}$-Linie an dieser Stelle

(20) $$\eta_{(n \pm a)n} = \beta_{(n \pm a)n} \cdot M_n = \beta_{(n \pm a)n}.$$

In solchen Fällen sind die Ordinaten der β_{nn}-Linie eine direkte Darstellung aller Belastungsbeiwerte $\beta_{n(n \pm a)}$ und die Berechnung aller β_{nn}-Linien ist gleichbedeutend mit der Bestimmung aller Belastungsbeiwerte β_{ik}.

Ferner gilt in diesen Fällen wegen (6): $\delta_{ik} = \delta_{ki}$; $\beta_{ik} = \beta_{ki}$ auch

(21) $$\eta_{n(n \pm a)} = \eta_{(n \pm a)n}.$$

5. Beziehungen zwischen den Einflußlinien starr gestützter Systeme und ihren Ableitungen erster und zweiter Ordnung.

Da als Einflußlinie nach Müller-Breslau [5] diejenige Linie bezeichnet wird, deren zur Abszisse ξ gehörige Ordinate η angibt, welchen Einfluß eine in Richtung der Ordinate η wirkende Last $P = 1$ auf eine gesuchte statische Größe ausübt, kann die Gleichung $F_{(x)}$ jeder Einflußlinie nach Gleichung (15) durch die Beziehungen

(22) $$F_{(x)} = \int \frac{M_P^{(0)} \cdot \overline{M}_{\beta n}}{E \cdot J} ds$$

und

(23) $$F_{(x)} = \int M_P^{(0)} \cdot \frac{\overline{M}_{\beta n}}{E \cdot J} ds$$

dargestellt werden.

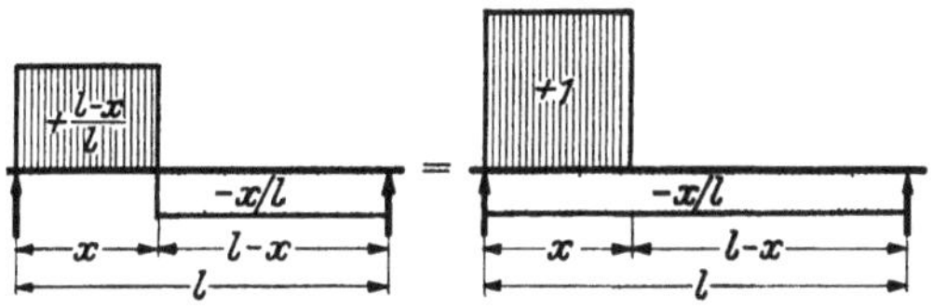

Abb. 2.

Gleichung (22) bringt zum Ausdruck, daß die Einflußlinie statisch unbestimmter Größen starr gestützter Stabsysteme als Biegelinie infolge des Lastangriffes $X_n = \beta_{nn}$ gedeutet werden kann. Nach Gleichung (23) kann diese Linie aber auch als Momentenlinie des Balkens auf zwei Stützen infolge der Belastung $\frac{\overline{M}_{\beta n}}{E \cdot J}$ gedeutet werden. Infolgedessen besteht zwischen $F_{(x)}$ und $\frac{\overline{M}_{\beta n}}{E \cdot J}$ die allgemeine Beziehung die zwischen Momentenlinie und Belastung besteht. Es ist

(24) $$\frac{\overline{M}_{\beta n}}{E \cdot J} = -F''_{(x)}$$

(25) $$\overline{M}_{\beta n} = -E \cdot J \cdot F''_{(x)}.$$

Mit Gleichung (24) ergibt sich aus Gleichung (23) die Beziehung

(26) $$F_{(x)} = -\int M_P^{(0)} \cdot F''_{(x)} dx.$$

Da sich weiter aus dem bekannten Einfluß einer „Einzellast an beliebiger Stelle" alle Einflüsse anderer Belastungsarten entweder durch Summenbildung, Integration (Streckenlasten) oder Differentiation (Moment an Stelle der Einzellast) ermitteln, ergibt sich für eine beliebige Belastung p, die am statischen Hauptsystem die Querkräfte Q_p^0 und die Momente M_p^0 erzeugt, die Beziehung

(27) $$\int p \cdot F_{(x)} dx = -\int M_p^0 \cdot F''_{(x)} dx,$$

die dazu reizt, die Beziehung zwischen erster Ableitung und Querkraftfläche der Belastung zu untersuchen. Die Untersuchung kann sich wiederum auf die Querkraftfläche einer „Einzellast an beliebiger Stelle" als Prototyp aller Belastungsfälle beschränken. Dabei kann die Querkraftfläche infolge der Einzellast nach Abb. 2 in die Teilflächen $+1$ und $-\frac{x}{l}$ zerlegt werden.

Nach Abb. 3b erhält man für

$$\int_0^l Q_P^0 \cdot F'_{(x)}\, dx = \int_0^x F'_{(x)}\, dx - \frac{x}{l}\int_0^l F'_{(x)}\, dx = F_{(x)} - F_{(0)} - \frac{x}{l}[F_{(l)} - F_{(0)}],$$

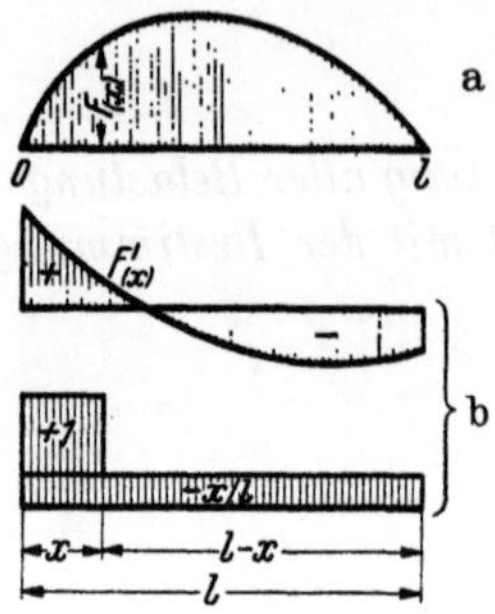

und da nach Abb. 4a $F_{(l)} = F_{(0)} = 0$ ist, wird

$$(28) \qquad c \int_0^l F'_{(x)}\, dx = 0$$

$$(29) \qquad F_{(x)} = \int_0^x F'_{(x)}\, dx = \int_0^l Q_P^0 \cdot F'_{(x)} \cdot dx.$$

Abb. 3.

Zusammengefaßt ergeben die Gleichung (26) und (29) die Beziehungen

$$(30\,^5) \qquad \int p \cdot F_{(x)}\, dx = \int Q_p^{(0)} \cdot F'_{(x)} \cdot dx = -\int M_p^{(0)} \cdot F''_{(x)} \cdot dx.$$

Die Gleichung (30) setzt aber mit $F_{(l)} = F_{(0)} = 0$ voraus, daß eine Last über einer Stütze keine Momente im System hervorruft, das System also starr gestützt ist [6].

---

[5] Zu Gleichung (30) verdanke ich Herrn Prof. Gaede, Hannover, den Hinweis, daß in ihr das Integral $\int u \cdot dv$ in doppelter Form vorhanden ist und die allgemeine Untersuchung zwei Bedingungen enthält. Setzt man $M_p^{(0)} = f_{(x)}$, so geht Gleichung (30) in die allgemeine Form über.

$$(31) \qquad -\int f''_{(x)} \cdot F_{(x)} \cdot dx = \int f'_{(x)} \cdot F'_{(x)} \cdot dx = -\int f_{(x)} \cdot F''_{(x)} \cdot dx.$$

Allgemein erhält man

$$(31\,\text{a}) \qquad \int f'_{(x)} \cdot F'_{(x)} \cdot dx = f'_{(x)} \cdot F_{(x)} - \int f''_{(x)} \cdot F_{(x)} \cdot dx$$
$$= f_{(x)} \cdot F'_{(x)} - \int f_{(x)} \cdot F''_{(x)} \cdot dx$$

$$(31\,\text{b}) \qquad \int_a^b f'_{(x)} \cdot F'_{(x)} \cdot dx = f'_{(b)} \cdot F_{(b)} - f'_{(a)} \cdot F_a - \int_a^b f''_{(x)} \cdot F_{(x)} \cdot dx$$
$$= f_{(b)} \cdot F'_{(b)} - f_{(a)} \cdot F'_{(a)} - \int_a^b f_{(x)} \cdot F''_{(x)} \cdot dx.$$

Nach Gleichung (31b) ist Gleichung (31) nur möglich, wenn die beiden Bedingungen

$$(32) \qquad \left\| \begin{array}{c} f'_{(b)} \cdot F_{(b)} - f'_{(a)} \cdot F_a = 0 \\ f_{(b)} \cdot F'_{(b)} - f_{(a)} \cdot F'_{(a)} = 0 \end{array} \right\|$$

gleichzeitig erfüllt sind. Bezeichnet man die Querkräfte und Momente, die die Last an den Auflagern A und B erzeugt mit $Q_a^{(0)}$; $Q_b^{(0)}$, $M_a^{(0)}$ und $M_b^{(0)}$, so verlangt Gleichung (32)

$$(32\,\text{a}) \qquad Q_b^{(0)} \cdot F_{(b)} - Q_a^{(0)} \cdot F_{(a)} = 0,$$
$$(32\,\text{b}) \qquad M_b^{(0)} \cdot F'_{(b)} - M_a^{(0)} \cdot F'_{(a)} = 0.$$

Da nun die Querkräfte $Q_{ab}^{(0)}$ und $F_{(ab)}$ nie gleichzeitig $= 0$ werden können, und meist $Q_{ab}^{(0)} \neq 0$ und $F_{(ab)} \neq 0$ sein wird, müssen $M_{ab}^{(0)}$ und $F_{(ab)} = 0$ werden. Das heißt, den Einflußlinien müssen starr gestützte Systeme zugrunde liegen.

[6] Die Gleichung (30) gilt mithin auch für den Balken auf zwei Stützen. Das Moment an der Stelle x infolge der Belastung p ist

$$M_p^{(x)} = \int_0^l Q_p \cdot Q_P^{(x)} \cdot dx = \int_0^l p \cdot M_P^{(x)} \cdot dx,$$

wenn $Q_P^{(x)}$ die Querkraftfläche, $M_P^{(x)}$ die Momentenfläche infolge der Last $P = 1$ im Punkte x ist. Die Beziehung $M_p^{(x)} = \int_0^l p \cdot M_P^{(x)} \cdot dx$ ist lediglich der mathematische Ausdruck für den Satz, daß die Momentenfläche für die Last $P = 1$ im Punkte x zugleich Einflußfläche für M_x ist. Das erste Glied $M_p^{(x)} = \int_0^l Q_p \cdot Q_p^{(x)} \cdot dx$ dagegen besagt, daß der Ausdruck $\int_0^l Q_i \cdot Q_P \cdot dx$ bei starr gestützten Systemen stets ein Moment darstellt.

Für die Einflußlinie selbst ergibt sich aus Gleichung (30)

$$F_{(x)} = \int Q_P^{(0)} \cdot F'_{(x)} \, dx = - \int M_P^{(0)} \cdot F''_{(x)} \cdot dx \,. \tag{33}$$

Man kann somit, von der Linie $-F''_{(x)} = \dfrac{\overline{M}_{\beta n}}{E \cdot J}$ ausgehend, direkt zur Einflußlinie gelangen [ein Weg, der sich für die Einflußlinien gerader Stäbe gleichbleibenden Querschnitts bereits nach Gleichung (16) und (17) als besonders einfach erwiesen hat], oder aber, man bedient sich des Umweges über die Querkraftfläche $F'_{(x)}$ zur Belastung $\dfrac{\overline{M}_{\beta n}}{E \cdot J}$. Ein Schema für einen derartigen Rechnungsgang findet sich im Abschnitt 20.

6. β_{nn}-Linien und voneinander unabhängige Gruppenlasten.

Nach der 2. Verträglichkeitsbedingung (13) ist $\int \dfrac{M_n \cdot \overline{M}_{\beta n}}{E \cdot J} \cdot ds = -1$. Infolgedessen kann man Gleichung (15) auch in der Form

$$X_n \int \frac{M_n \cdot \overline{M}_{\beta n}}{E \cdot J} \, ds = - \int \frac{M^{(0)} \overline{M}_{\beta n}}{E \cdot J} \, ds \tag{34}$$

schreiben. Diese Darstellungsmöglichkeit der Unbekannten mittels nur einer Elastizitätsgleichung mit nur einer Unbekannten erweckt den Anschein, als handele es sich bei den β_{nn}-Linien in allen Fällen um voneinander unabhängige Gruppenlasten nach Art der Sinus-Gewichte und abklingenden Momentenflächen nach Stahlbau 1938, S. 15, Tafel 10 [3] mit dem Kennzeichen $\int \dfrac{\overline{M}_{\beta n} \cdot \overline{M}_{\beta (n \pm a)}}{E \cdot J} \cdot ds = 0$. Daß dies nicht der Fall ist, spricht unter anderem Beyer in „Eisenbetonbau II" [6], S. 213 aus. Der Beweis ergibt sich aus folgendem: Es ist

$$\overline{M}_{\beta n} = \sum_{i=1}^{z} \beta_{ni} \cdot M_i = \beta_{n1} \cdot M_1 + \beta_{n2} \cdot M_2 + \beta_{n3} \cdot M_3 + \cdots \tag{35}$$

Entsprechend erhält man

$$\overline{M}_{\beta (n \pm a)} = \sum_{i=1}^{z} \beta_{(n \pm a) i} \cdot M_i \,. \tag{36}$$

Die Verformung zwischen zwei β_{nn}-Linien ergibt sich demnach zu

$$E \cdot J \cdot \bar{\delta}_{n(n \pm a)} = \int \overline{M}_{\beta n} \cdot \overline{M}_{\beta (n \pm a)} \, ds = + \int \beta_{n1} \cdot M_1 \cdot \sum \beta_{(n \pm a) i} \cdot M_i \, ds \tag{37}$$
$$+ \int \beta_{n2} \cdot M_2 \cdot \sum \beta_{(n \pm a) i} \cdot M_i \, ds$$
$$+ \int \beta_{n3} \cdot M_3 \cdot \sum \beta_{(n \pm a) i} \cdot M_i \, ds \cdots$$

Da nun $\int M_i M_k \, ds = E \cdot J \cdot \delta_{ik}$ ist, so wird

$$\bar{\delta}_{n(n \pm a)} = \beta_{n1} \cdot \sum \beta_{(n \pm a) i} \cdot \delta_{1i} + \beta_{n2} \sum \beta_{(n \pm a) i} \cdot \delta_{2i} \cdots \tag{38}$$
$$+ \beta_{n3} \cdot \sum \beta_{(n \pm a) i} \cdot \delta_{3i} + \cdots + \beta_{n(n \pm a)} \cdot \sum \beta_{(n \pm a) i} \cdot \delta_{(n \pm a) i} + \cdots$$

Nach Gleichung (8) sind nun alle $\sum \beta_{(n \pm a) i} \cdot \delta_{ni} = 0$ und nach Gleichung (7) $\sum \beta_{(n \pm a) i} \times \delta_{(n \pm a) i} = -1$. Es fallen somit in Gleichung (38) alle Glieder fort, bei denen hinter den $\sum$-Zeichen Werte mit ungleichen Indizes stehen und es bleibt allein

$$\bar{\delta}_{n(n \pm a)} = \beta_{n(n \pm a)} \sum \beta_{(n \pm a) i} \cdot \delta_{(n \pm a) i} = - \beta_{n(n \pm a)} \,. \tag{39}$$

Die β_{nn}-Linien sind daher nur voneinander unabhängig, wenn alle $\beta_{n(n \pm a)} = 0$ sind, was aber voraussetzt, daß auch alle $\delta_{n(n \pm a)} = 0$ sind, die Unbekannten also von vorneherein bereits voneinander unabhängig sind.

Wollte man in allen anderen Fällen die β_{nn}-Linien als Momentenflächen am statisch unbestimmten Hauptsystem zur Aufstellung von Elastizitätsgleichungen benutzen, erhielte man — z. B. auch für Durchlaufbalken über vielen Öffnungen — Volldeterminanten, da alle $\delta_{ik} \neq 0$ sind.

Ferner erscheinen auf der Lastseite in jeder Zeile alle δ_{i0} gleichzeitig. Das Gleichungssystem lautete in abgekürzter Form

$$(40) \qquad -\sum_{i=1}^{z} \beta_{ni} \cdot X_i = -\sum_{i=1}^{z} \beta_{ni} \cdot \delta_{i0}.$$

Wäre dieses Gleichungssystem dann aufgelöst, so müßten noch alle $\varkappa \cdot \beta_{nn}$-Linien überlagert werden um als Endergebnis

$$(41) \qquad X_n = \sum_{i=1}^{z} \beta_{ni} \cdot \delta_{i0} = \int \frac{M^{(0)} \cdot \overline{M}_{\beta n}}{E \cdot J} ds$$

zu erhalten.

*Die β_{nn}-Linien sind daher im gleichen Sinne wie Einflußlinien nur zur Ermittlung **einer einzigen** statisch Unbekannten, bzw. soweit die statische Unbekannte ein Moment darstellt, nur zur Ermittlung **einer einzigen** Momentenordinate anzusetzen; nicht aber im Sinne von Gruppenlasten zur gleichzeitigen Ermittlung mehrerer Ordinaten und damit eines Momentenverlaufes.*

7. Sätze über die β_{nn}-Linien.

Zusammenfassend können über die β_{nn}-Linien, wenn vom Einfluß der Normal- und Querkräfte abgesehen wird, folgende Sätze aufgestellt werden:

1. Die β_{nn}-Linie der elastischen Formänderungsgröße X_n eines starr gestützten ebenen Stabsystems ist derjenige Momentenverlauf $\overline{M}_{\beta n}$, aus welchem sich die Unbekannte mit Hilfe der Momentenfläche der Belastung am statischen Hauptsystem ($M^{(0)}$-Fläche) in der Form

$$(42) \qquad X_n = \int \frac{M^{(0)} \cdot \overline{M}_{\beta n}}{E \cdot J} ds$$

ermittelt.

2. Die β_{nn}-Linie ist der Momentenverlauf $\overline{M}_{\beta n}$, welcher am statisch $(z-1)$-fach unbestimmten System infolge des Lastangriffes $X_n = \beta_{nn}$ entsteht. Ist $M_{(n \pm a)}$ die Momentenfläche am statisch bestimmten Hauptsystem infolge des Lastangriffes $X_{(n \pm a)}$, so lauten die Verträglichkeitsbedingungen für diesen Momentenverlauf:

$$(43) \qquad \int \frac{M_{(n \pm a)} \cdot \overline{M}_{\beta n}}{E \cdot J} \cdot ds = 0; \quad a \neq 0.$$

$$(44) \qquad \int \frac{M_n \cdot \overline{M}_{\beta n}}{E \cdot J} \cdot ds = -1.$$

Sie ist hinsichtlich ihrer Verwendung in Gleichung (42) den Einflußlinien gleichzustellen, nicht aber den voneinander unabhängigen Gruppenlasten, da mit

$$(45) \qquad \overline{\delta}_{n(n \pm a)} = \int \frac{\overline{M}_{\beta n} \cdot \overline{M}_{\beta (n \pm a)}}{E \cdot J} ds = -\beta_{n(n \pm a)},$$

im allgemeinen also $\overline{\delta}_{n(n \pm a)} \neq 0$ wird.

3. Der Momentenverlauf

$$(46) \qquad \overline{M}_{\beta n} = \sum \beta_{n(n \pm a)} M_{(n \pm a)}$$

ist mit den Determinanten des Gleichungssystems

$$(47) \qquad \sum \delta_{n(n \pm a)} \cdot X_{(n \pm a)} = -\delta_{n0}$$

durch die Beziehungen

$$(48) \qquad \beta_{n(n \pm a)} = (-1)^{(a+1)} \frac{D_{n(n \pm a)}}{D},$$

$$(49) \qquad \beta_{n(n \pm a)} = \beta_{(n \pm a)n}$$

verbunden.

4. Zwischen der Einflußlinie $F_{(x)}$ der Unbekannten und der β_{nn}-Linie besteht die Beziehung

(50) $$\overline{M}_{\beta n} = -E \cdot J \cdot F''_{(x)}.$$

Ist $M_P^{(0)}$ die Momentenfläche, $Q_P^{(0)}$ die Querkraftfläche am statisch bestimmten Hauptsystem infolge des Lastangriffes $P = 1$, so gilt für starr gestützte Systeme:

(51) $$F_{(x)} = \int Q_P^{(0)} \cdot F'_{(x)} dx = -\int M_P^{(0)} \cdot F'_{(x)} dx.$$

Für eine beliebige Belastung p, die am statischen Hauptsystem die Querkräfte $Q_p^{(0)}$ und die Momente $M_p^{(0)}$ erzeugt, ist

(52) $$\int p \cdot F_{(x)} \cdot dx = \int Q_p^{(0)} \cdot F'_{(x)} \cdot dx = -\int M_p^{(0)} \cdot F_{(x)} \cdot dx.$$

5. Die Gleichung der Einflußlinie $F_{(x)}$ einer statisch Unbekannten lautet im Bereich eines waagerechten Stabes von der Länge l, der zwischen den Rahmenknoten gleichbleibenden Querschnitt aufweist, für senkrechten Lastangriff:

(53) $$F_{(x)} = \frac{x(l-x)(\alpha \cdot l + \beta \cdot x)}{l^3} P \cdot l.$$

Sie ermittelt sich aus den Knotenordinaten η_l und η_r der β_{nn}-Linie mit Hilfe der Beziehungen

(54) $$\alpha = \frac{(2\eta_l + \eta_r) \cdot l}{6 \cdot E \cdot J}; \quad \beta = \frac{(\eta_r - \eta_l) \cdot l}{6 \cdot E \cdot J}.$$

6. Können bei einem statisch unbestimmten System die Überzähligen so gewählt werden, daß alle max $M_i = +1$ und gleichzeitig für $M_i = 1$ alle $M_k = 0$ sind (z. B. Durchlaufbalken und Rechteckrahmen) und werden sie bei der Berechnung in dieser Größe eingesetzt, so wird die Ordinate $\eta_{n(n \pm a)}$ ihrer β_{nn}-Linien gleich dem Belastungsbeiwert $\beta_{n(n \pm a)}$, und wegen der Beziehung $\beta_{n(n \pm a)} = \beta_{(n \pm a)n}$ daher auch

(55) $$\eta_{n(n \pm a)} = \eta_{(n \pm a)n} = \beta_{n(n \pm a)} = \beta_{(n \pm a)n}.$$

β_{nn}-Linien, Rechteckrahmen und Deformationsmethode.

8. Die β_{nn}-Linien starr gestützter Rechteckrahmen mit waagerecht frei beweglichen Riegeln und die Verträglichkeitsbedingungen.

Die Verträglichkeitsbedingungen (12) und (13) setzen voraus, daß keine Stützensenkungen zu berücksichtigen sind und der Einfluß der Normal- und Querkräfte vernachlässigt werden darf. Hinsichtlich der zweiten Verträglichkeitsbedingung ist außerdem zu beachten, daß die

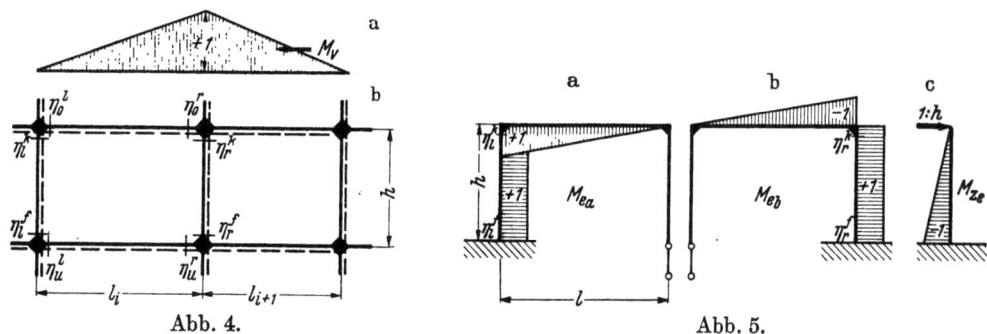

Abb. 4. Abb. 5.

Momentenflächen der Formänderungsgrößen positiv einzuführen sind. Als positiv werden dabei im Einklang mit den Annahmen, die sich für „harmonische Stockwerksrahmen" als zweckmäßig erwiesen haben, alle Momente bezeichnet, die

1. an der Unterseite der Riegel und
2. an der rechten Seite der Stützen Zug erzeugen,

also an der in Abb. 4b gestrichelten Stabseite.

Bei der Berechnung der Rechteckrahmen kann nun von den besonderen Zusammenhängen Gebrauch gemacht werden, die sich nach Gleichung (20) und (21) ergeben, wenn alle max $M_n = +1$ eingeführt werden, während gleichzeitig für max M_n alle $M_{(n \pm a)} = 0$ werden. Als Unbekannte werden daher die Einspannmomente der Stabenden angesehen bzw. hinsichtlich des Momentenverlaufes $\overline{M}_{\beta n}$ einer β_{nn}-Linie seine Ordinaten an den Stabenden. Die allgemeine Kennzeichnung der Eckordinaten einer β_{nn}-Linie erfolgt dabei im Rahmenrechteck nach Abb. 4b. Zwischen diesen Ordinaten verläuft die β_{nn}-Linie nach den Ausführungen des 3. Abschnittes geradlinig über den Stab.

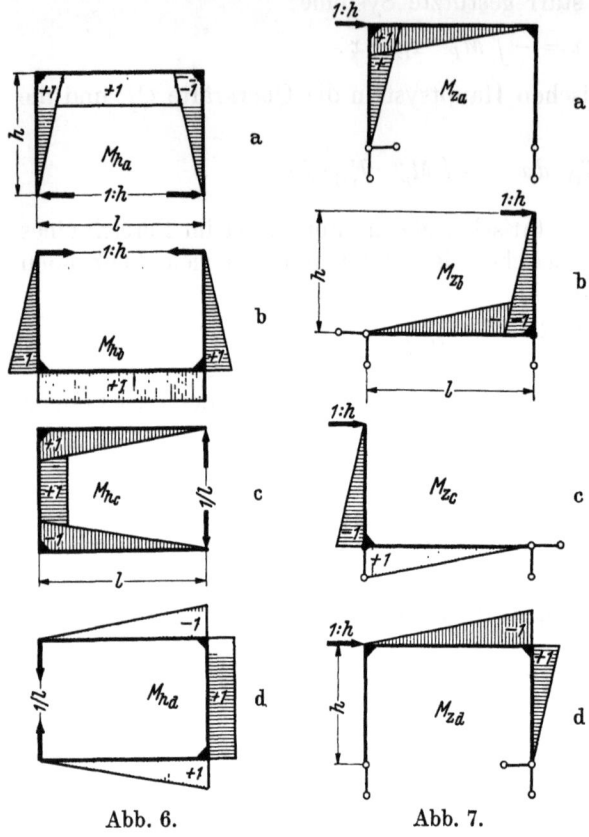

Abb. 6. Abb. 7.

Die β_{nn}-Linien genügen dann der Voraussetzung starrer Stützung, wenn ihr Momentenverlauf $\overline{M}_{\beta n}$ die Verträglichkeitsbedingungen (12) und (13) mit Momentenflächen $M_{(n \pm a)} = M_v$; $a \geq 0$ nach Abb. 4a erfüllt.

Der Voraussetzung, daß Normal- und Querkräfte keinen Einfluß auf die Verformungen haben, ist genügt, wenn der Momentenverlauf $\overline{M}_{\beta n}$ die Verträglichkeitsbedingungen (12) und (13) mit Momentenflächen $M_{(n \pm a)} = M_h$; $a \geq 0$ nach Abb. 6a bis d erfüllt. Dabei müssen diese Bedingungen in einem auf allen vier Seiten geschlossenen Rahmenviereck mit allen vier Momentenflächen nach Abb. 6a bis d gleichzeitig erfüllt sein, wobei der Ansatz der vierten Momentenfläche nur noch als Kontrolle verwendet werden kann. Bei fehlendem unteren Riegel und frei drehbaren Stützenfüßen ($\eta_u^l = \eta_u^r = 0$; $\eta_l^l = \eta_r^l = 0$) sind die Verträglichkeitsbedingungen nur mit der Momentenfläche $M_{(n \pm a)} = M_{ha}$ aufzustellen. Für die 2. Verträglichkeitsbedingung

$$\int \frac{M_n \cdot \overline{M}_{\beta n}}{E \cdot J} ds = \int \frac{M_h \cdot \overline{M}_{\beta n}}{E \cdot J} ds = -1$$

sind dabei die Vorzeichen der M_h-Flächen der Abb. 6a bis d zu vertauschen, wenn ihre negative Ordinate mit der Ordinate β_{nn} einer β_{nn}-Linie (im folgenden als „Lastordinate" bezeichnet) zusammenfällt.

Ist ein Stützenfuß voll eingespannt, sind die Verträglichkeitsbedingungen mit Momentenflächen $M_{(n \pm a)} = M_e$ nach Abb. 5a bis b zu erfüllen.

Die Vernachlässigung des Einflusses der Normal- und Querkräfte der Riegel ist nun aber auch noch gleichbedeutend mit der Annahme, daß infolge eines Lastangriffes die waagerechte Verschiebung der Rahmenknoten des oberen Riegels eines Stockwerkes gegen den feststehend gedachten unteren Riegel für alle Knoten des oberen Riegels gleich sein muß. Ein Maß für diese Verschiebung ist die Verformung, welche sich aus der Momentenfläche der Belastung am statisch unbestimmten System und Momentenflächen nach Abb. 7a bis d bzw. bei eingespannten Stützenfüßen nach Abb. 5c ergibt. Dieses muß mit Ausnahme des Falles, daß die Lastordinate β_{nn} selbst betroffen wird, für alle Felder eines Stockwerkes den gleichen Wert ergeben. Dieser Wert werde mit z bezeichnet bzw. wenn mehrere Stockwerke zu berücksichtigen sind, mit z_i, wenn i die Ordnungsnummer des zugehörigen Stockwerkes ist. Dabei werden die Stockwerke eines Rahmens mit 1 anfangend von unten nach oben gezählt.

Auf die Verschiebungsgröße z abgestellt, lautet dann die der 1. Verträglichkeitsbedingung entsprechende Gleichung der Rechteckrahmen

$$(56) \qquad \int \frac{M_z \cdot \overline{M}_{\beta n}}{E \cdot J} ds = z,$$

wobei diese Bedingung für jedes Rahmenrechteck eines Stockwerkes mit allen ansatzfähigen Momentenflächen M_{za} bis M_{ze} erfüllt sein muß. Dann ist gleichzeitig auch die 1. Verträglichkeitsbedingung (12) selbst erfüllt, wie folgende Beispiele zeigen:

$$\int \frac{M_v \cdot \overline{M}_{\beta n}}{E \cdot J} \cdot ds = \int \frac{(M_{za} - M_{zd}) \cdot \overline{M}_{\beta n}}{E \cdot J} \cdot ds = +z - z = 0,$$

$$\int \frac{M_{hc} \cdot \overline{M}_{\beta n}}{E \cdot J} \cdot ds = \int \frac{(M_{za} - M_{zc}) \cdot \overline{M}_{\beta n}}{E \cdot J} \cdot ds = +z - z = 0,$$

$$\int \frac{M_{ea} \cdot \overline{M}_{\beta n}}{E \cdot J} \cdot ds = \int \frac{(M_{za} - M_{ze}) \cdot \overline{M}_{\beta n}}{E \cdot J} \cdot ds = +z - z = 0.$$

Ist jetzt η_l^k oder η_0^l Lastordinate (abgekürzt LO), so verlangt die zweite Verträglichkeitsbedingung (13): $\int \frac{\overline{M}_{\beta n} \cdot M_{ha}}{E \cdot J} \cdot ds = -1$; außerdem muß nach Gleichung (56): $\int \frac{\overline{M}_{\beta n} \cdot M_{zd}}{E \cdot J} \cdot ds = z$ sein. Es wird daher

$$\underline{\underline{LO\,(\eta_l^k;\,\eta_0^l)}} \int \frac{\overline{M}_{\beta n} \cdot M_{za}}{E \cdot J} \cdot ds = \int \frac{\overline{M}_{\beta n} \cdot (M_{ha} + M_{zd})}{E \cdot J} \cdot ds = -1 + z.$$

Für die übrigen Ordinaten erhält man

$$\underline{\underline{LO\,(\eta_r^l;\,\eta_u^r)}} \int \frac{\overline{M}_{\beta n} \cdot M_{zb}}{E \cdot J} \cdot ds = \int \frac{\overline{M}_{\beta n}(-M_{hd} + M_{zd})}{E \cdot J} \cdot ds = +1 + z,$$

$$\underline{\underline{LO\,(\eta_l^l)}} \int \frac{\overline{M}_{\beta n} \cdot M_{zc}}{E \cdot J} \cdot ds = \int \frac{\overline{M}_{\beta n}(-M_{hc} + M_{za})}{E \cdot J} \cdot ds = +1 + z,$$

$$\underline{\underline{LO\,(\eta_u^l)}} \int \frac{\overline{M}_{\beta n} \cdot M_{zc}}{E \cdot J} \cdot ds = \int \frac{\overline{M}_{\beta n}(M_{hb} + M_{zb})}{E \cdot J} \cdot ds = -1 + z,$$

$$\underline{\underline{LO\,(\eta_r^k)}} \int \frac{\overline{M}_{\beta n} \cdot M_{zd}}{E \cdot J} \cdot ds = \int \frac{\overline{M}_{\beta n}(M_{hd} + M_{zb})}{E \cdot J} \cdot ds = -1 + z,$$

$$\underline{\underline{LO\,(\eta_0^r)}} \int \frac{\overline{M}_{\beta n} \cdot M_{zd}}{E \cdot J} \cdot ds = \int \frac{\overline{M}_{\beta n}(M_{hd} + M_{zb})}{E \cdot J} \cdot ds = +1 + z.$$

Ist ein Stützenfuß voll eingespannt, so erhält man mit Abb. 5:

$$\underline{\underline{LO\,(\eta^f)}} \int \frac{\overline{M}_{\beta n} \cdot M_{ze}}{E \cdot J} \cdot ds = \int \frac{\overline{M}_{\beta n}(-M_{ea} + M_{za})}{E \cdot J} \cdot ds = +1 + z.$$

Diese Ergebnisse können in folgender Form als die der 2. Verträglichkeitsbedingung entsprechenden, auf die Verschiebungsgröße z abgestellten Lastordinaten-Regeln zusammengefaßt werden:

$$(57) \qquad \underline{\underline{LO\,(\eta^l;\,\eta^k)}} \int \frac{\overline{M}_{\beta n} \cdot M_z}{E \cdot J} \cdot ds = -1 + z,$$

$$(58) \qquad \underline{\underline{LO\,(\eta^r;\,\eta^f)}} \int \frac{\overline{M}_{\beta n} \cdot M_z}{E \cdot J} \cdot ds = +1 + z.$$

Die Berechnung der β_{nn}-Linien der Rechteckrahmen geht dann mit Hilfe der Gleichungen (56) (57) und (58) über in eine Berechnung nach dem Bleichschen Viermomentensatz [7].

Sind die Riegel der zu berechnenden Rahmen gegen seitliche Bewegungen gesichert oder nur für Laststellungen zu berechnen, die keine Seitenbewegungen hervorrufen, wird $z = 0$.

Da die β_{nn}-Linien der Stockwerksrahmen nach den vorliegenden Ausführungen als Momentenverlauf $\overline{M}_{\beta n}$ infolge des Lastangriffes β_{nn} eines Eckmomentes eines Stabes berechnet werden, muß die Summe aller Horizontalschübe eines Geschoßes Null sein[7]. Mit den Bezeichnungen der Abb. 4b gilt daher

$$\sum H = 0; \quad \frac{\sum \eta^k - \sum \eta^l}{h} = 0,$$

(59)
$$\sum \eta^k = \sum \eta^l.$$

Ferner ist an den Stabknoten die Bedingung des Knotengleichgewichts zu beachten:

(60)
$$\sum M_k = \sum \eta_k = 0.$$

Außerdem gilt für die Ordinaten verschiedener β_{nn}-Linien die Beziehung der Gleichung (21):

(61)
$$\eta_{(n \pm a)\, n} = \eta_{n\, (n \pm a)}.$$

9. Ermittlung einer β_{nn}-Linie eines einstöckigen, harmonischen Rechteckrahmens.

Die Anwendung der Ergebnisse Gleichung (56) bis (61) des voraufgehenden Abschnittes werde an einem einstöckigen harmonischen Rahmen (s. Thoms [3]) nach Abb. 8 für die β_{nn}-Linie der Ordinate η_8 durchgeführt.

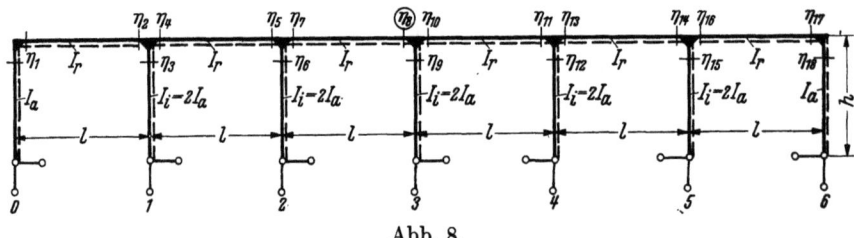

Abb. 8.

Die Trägheitsverhältnisse seien

$$\frac{l}{J_r/J_c} = \frac{h}{J_a/J_c} = 1; \quad \frac{h}{J_i/J_c} = \frac{1}{2}.$$

In jedem Feld wird die Gleichung (56) abwechselnd für die Flächen M_{za} und M_{zd} der Abb. 7 aufgestellt und an den Knoten die Bedingung (60) des Knotengleichgewichts berücksichtigt.

Mit der Stütze 0 beginnend erhält man unter besonderer Berücksichtigung der LO-Regel (58) für $\eta_8 = \beta_{nn}$:

(R$_1$)

$6z = 4\eta_1 + \eta_2$	$6z = 4\eta_1 + \eta_2$
$6z = -\eta_1 - 2\eta_2 + \frac{1}{2} \cdot 2\eta_3$	$\eta_3 = 5\eta_1 + 3\eta_2$
$\eta_4 = \eta_2 + \eta_3$	$\eta_4 = 5\eta_1 + 4\eta_2$
$6z = \frac{1}{2} \cdot 2\eta_3 + 2\eta_4 + \eta_5$	$\eta_5 = -11\eta_1 - 10\eta_2$
$6z = -\eta_4 - 2\eta_5 + \frac{1}{2} \cdot 2\eta_6$	$\eta_6 = -13\eta_1 - 15\eta_2$
$\eta_7 = \eta_5 + \eta_6$	$\eta_7 = -24\eta_1 - 25\eta_2$
$6z = \frac{1}{2} \cdot 2\eta_6 + 2\eta_7 + \eta_8$	$\eta_8 = +65\eta_1 + 66\eta_2$
$6(1+z) = -\eta_7 - 2\eta_8 + \frac{1}{2} \cdot 2\eta_9$	$\eta_9 = 6 + 110\eta_1 + 108\eta_2$
$\eta_{10} = \eta_8 + \eta_9$	$\eta_{10} = 6 + 175\eta_1 + 174\eta_2$
$6z = \frac{1}{2} \cdot 2\eta_9 + 2\eta_{10} + \eta_{11}$	$\eta_{11} = -18 - 456\eta_1 - 455\eta_2$
$6z = -\eta_{10} - 2\eta_{11} - \frac{1}{2} \cdot 2\eta_{12}$	$\eta_{12} = -30 - 733\eta_1 - 735\eta_2$
$\eta_{13} = \eta_{11} + \eta_{12}$	$\eta_{13} = -48 - 1189\eta_1 - 1190\eta_2$
$6z = \frac{1}{2} \cdot 2\eta_{12} + 2\eta_{13} + \eta_{14}$	$\eta_{14} = +126 - 3115\eta_1 + 3116\eta_2$
$6z = -\eta_{13} - 2\eta_{14} + \frac{1}{2} \cdot 2\eta_{15}$	$\eta_{15} = +204 + 5045\eta_1 + 5043\eta_2$
$\eta_{16} = \eta_{14} + \eta_{15}$	$\eta_{16} = +330 + 8160\eta_1 + 8159\eta_2$
$6z = \frac{1}{2} \cdot 2\eta_{15} + 2\eta_{16} + \eta_{17}$	$\eta_{17} = -864 - 21361\eta_1 - 21360\eta_2$
$6z = -\eta_{16} - 2\eta_{17} + 2\eta_{18}$	$\eta_{18} = -699 - 17279\eta_1 - 17280\eta_2$

---

[7] Diese Bedingung wendet auch Andruszewicz [10] auf S. 11 in Verbindung mit Drehwinkelgleichungen an.

Es muß nun $\eta_{17} = -\eta_{18}$ sein und ferner

$$\sum \eta^k = \eta_1 + \eta_3 + \eta_6 + \eta_9 + \eta_{12} + \eta_{15} + \eta_{18} = 0$$

$\eta_{17} + \eta_{18} = 0;$ $\quad \left| \begin{array}{l} 38\,640\,\eta_1 + 38\,640\,\eta_2 = -1563 \\ 12\,864\,\eta_1 + 12\,876\,\eta_2 = 519 \end{array} \right|$
$\sum \eta^k = 0;$

$$\begin{array}{r} 12\,880\,\eta_1 + 12\,880\,\eta_2 = -\;521 \\ 12\,864\,\eta_1 + 12\,876\,\eta_2 = +\;519 \\ \hline \underline{24\,z = 16\,\eta_1 + 4\,\eta_2 = -2} \end{array}$$

$$\begin{array}{r} -12\,880\,\eta_1 - 12\,880\,\eta_2 = +\;521 \\ +51\,520\,\eta_1 + 12\,880\,\eta_2 = -6440 \\ \hline 38\,640\,\eta_1 = -5919 \\ -38\,640\,\eta_1 - 38\,640\,\eta_2 = +1563 \\ \hline -38\,640\,\eta_2 = -4356 \end{array}$$

$12\,880\,\eta_1 = -1973;\quad \underline{\underline{100\,\eta_1 = -15{,}3183}}$

$12\,880\,\eta_2 = 1452;\quad \underline{\underline{100\,\eta_2 = +11{,}2733}}$

$24\,z = -2;\quad \underline{\underline{z = -\tfrac{1}{12}}}$

Die so gewonnenen Werte sind auf andere Art bereits in Stahlbau 1937/38, [3] Thoms, Harmonische Stockwerksrahmen, berechnet worden.

Aus Gleichung (68) in Stahlbau 1937, S. 199, erhält man für die Belastung $Q_w = 1/h_p$ der Abb. 18 für $n = 6$ Felder

$$\underline{\underline{z}} = \frac{M_3^l}{Q_w} \cdot \frac{1}{h} = -\frac{Q_w \cdot h}{2\,n} \cdot \frac{1}{Q_w \cdot h} = -\frac{1}{2\,n} = \underline{\underline{-\frac{1}{12}}}.$$

Für $100\,\eta_1$ und $100\,\eta_2$ ist ferner nach Stahlbau 1938, S. 13, Tafel 6, für M_3^l im 1. Feld: $100\,\alpha = -3{,}2272;\ 100\,\beta = +4{,}4319$.

Nach Gleichung (19) des 4. Abschnittes ergibt sich daraus mit $\dfrac{E \cdot J}{l} = 1$:

$$\underline{\underline{100\,\eta_1}} = 200\,(\alpha - \beta) = -2\,(3{,}2272 + 4{,}4319) = \underline{\underline{-15{,}3182}},$$

$$\underline{\underline{100\,\eta_2}} = 200\,(\alpha + 2\,\beta) = -2\,(3{,}2272 - 8{,}8638) = \underline{\underline{-11{,}2732}}.$$

Die Übereinstimmung der Ergebnisse ist mithin vollkommen.

Aus dem vorgerechneten Beispiel ergibt sich nun ohne weiteres, daß der Rahmen um beliebig viele Felder vermehrt werden kann, ohne daß die Anzahl der am Schluß zu berechnenden Unbekannten größer als 2 wird. Denn, ganz gleichgültig um wieviele Ordinaten die β_{nn}-Linie noch vermehrt werden muß, sie werden sich alle wie die bereits ermittelten in Abhängigkeit von den Ordinaten η_1 und η_2 ausdrücken lassen. Wird der Rahmen in Abb. 8 als n-feldrig angesehen, so sind $3n$ Ordinaten sowie die Größe z — zusammen $3n + 1$ Größen — zu bestimmen. Für diese stehen auf dem Wege bis zur letzten Ordinate $(n-1)$ Knotengleichgewichtsbedingungen sowie $2n$-mal die Verschiebungsbedingung z zur Verfügung. Es bleiben mithin am Schluß stets noch $[(3n+1) - (n-1) - 2n] = 2$ Größen zu bestimmen übrig, zu deren Ermittlung am letzten Knoten die Gleichgewichtsbedingung $\eta_0^r = -\eta_r^k$ sowie die Bedingung Gleichung (59): $\sum H = 0$ zur Verfügung stehen. Damit sind aber auch alle zur Bestimmung zur Verfügung stehenden Bedingungen restlos ausgeschöpft und es verbleiben keine Gleichungen mehr, die lediglich als Kontrollgleichungen anzusehen sind. Eine Kontrolle kann zwar durchgeführt werden, indem die ermittelten Ordinaten auf die Erfüllung der Verträglichkeitsbedingungen (12) und (13) mit den Momentenflächen M_v und M_h der Abb. 4a und 6a bis d hin untersucht werden; wie aber im voraufgehenden Abschnitt gezeigt wurde, ergeben diese Momentenflächen nur eine Kombination der Summe $(+z - z) = 0$, nicht aber zusätzliche Bedingungen.

38 A. Thoms: Der n-stielige Stockwerksrahmen ist n-fach unbestimmt.

Der starr gestützte einstöckige Stockwerksrahmen mit aufgehobenem Horizontalschub und waagerecht frei beweglichem Riegel nach Abb. 8 hat demnach unbeschadet der Anzahl seiner Felder hinsichtlich seiner β_{nn}-Linien nur 2 zu bestimmende Unbekannte. Bei n-Feldern hat jede seiner $(3n-1)$ zu ermittelnden β_{nn}-Linien $(3n-1)$ Ordinaten. Von den $(3n-1)^2$ Ordinaten sind allgemein $\frac{3n(3n-1)}{2}$ Ordinaten voneinander verschieden. Der gleiche n-feldrige Rahmen ist hinsichtlich seiner statisch Überzähligen $(2n-1)$-fach unbestimmt.

Wie diese Zusammenstellung zeigt, ist bei hochgradig statisch unbestimmten Systemen scharf zu unterscheiden zwischen der Anzahl ihrer statisch überzähligen Schnittkräfte $[=(2n-1)]$, der Anzahl der für die Berechnung insgesamt zu ermittelnden Größen $\left[=\frac{3n(3n-1)}{2}\right]$ und der Anzahl der zur Durchführung dieser Errechnungen benötigten Bezugsgrößen $[=2]$. Dafür ist das Beispiel des einstöckigen Rahmens mit aufgehobenem Horizontalschub nach Abb. 8 außerdem besonders aufschlußreich, weil sich für die Berechnung seiner statisch überzähligen Schnittkräfte mit den Bezeichnungen der Abb. 9 für die β_{nn}-Linie der Überzähligen H_6 [= Ordinate η_{17} der Abb. 8] folgendes ergibt: Mit H_1 beginnend erhält man für die 6fachen Verträglichkeitsbedingungen (12) und (13) nacheinander:

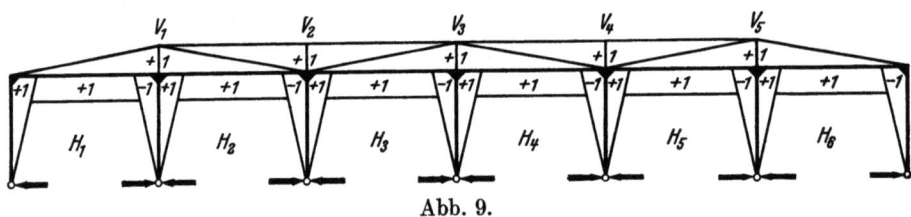

Abb. 9.

$$(R_2) \begin{vmatrix} 9H_1 + 3V_1 - H_2 = 0 \\ 3H_1 + 4V_1 + 3H_2 + V_2 = 0 \\ -H_1 + 3V_1 + 8H_2 + 3V_2 - H_3 = 0 \\ V_1 + 3H_2 + 4V_2 + 3H_3 + V_3 = 0 \\ -H_2 + 3V_2 + 8H_3 + 3V_3 - H_4 = 0 \\ V_2 + 3H_3 + 4V_3 + 3H_4 + V_4 = 0 \\ -H_3 + 3V_3 + 8H_4 + 3V_4 + H_5 = 0 \\ V_3 + 3H_4 + 4V_4 + 3H_5 + V_5 = 0 \\ -H_4 + 3V_4 + 8H_5 + 3V_5 - H_6 = 0 \\ V_4 + 3H_5 + 4V_5 + 3H_6 = 0 \\ -H_5 + 3V_5 + 9H_6 = -6 \end{vmatrix} \begin{matrix} H_2 = + 9H_1 + 3V_1 \\ V_2 = - 30H_1 - 13V_1 \\ H_3 = - 19H_1 - 12V_1 \\ V_3 = + 150H_1 + 78V_1 \\ H_4 = + 199H_1 + 96V_1 \\ V_4 = -1110H_1 - 551V_1 \\ H_5 = -1269H_1 - 639V_1 \\ V_5 = +7500H_1 + 3755V_1 \\ H_6 = +8819H_1 + 4404V_1 \\ \|51540H_1 + 25764V_1 = 0\| \\ \|103140H_1 + 51540V_1 = -6\| \end{matrix}$$

$$38640 H_1 = -6441$$
$$38640 V_1 = +12885$$

Die schrittweise Elimination der Unbekannten ergibt für den einstöckigen Rahmen nach Abb. 8 also auch für seine statisch überzähligen Schnittkräfte (Abb. 9) nur zwei zu ermittelnde Bezugsgrößen. Da die Wahl der Bezugsgrößen nun je nach Zweckmäßigkeit auch anders erfolgen kann (z. B. bei Aufstellung der Gleichungen von der letzten Unbekannten her zur ersten fortschreitend), seien die als Bezugsgrößen gewählten Unbekannten als „frei wählbare Unbekannte" im Gegensatz zu den von ihnen beim Eliminationsverfahren als abhängig erscheinenden Unbekannten gekennzeichnet.

Mathematisch betrachtet beruht dann der Unterschied zwischen der Anzahl der statisch überzähligen Schnittkräfte eines Systems und der Anzahl seiner frei wählbaren Unbekannten auf der Möglichkeit, durch das Eliminationsverfahren die Trennung in „frei wählbare" und von diesen „abhängige" Unbekannte herbeizuführen. Erkennbar ist sie im Gleichungssystem der Elastizitätsgleichungen durch die mehr oder minder große Anzahl von Verformungen $\delta_{ik}=0$.

Die Möglichkeit, die Anzahl der $\delta_{ik}=0$ gegenüber dem Kraftgrößenverfahren (K.V.) zu erhöhen und damit die Anzahl der frei wählbaren Unbekannten zu vermindern, bietet nun in vielen Fällen das Formänderungsgrößenverfahren (F.V.). Wie ein Vergleich von Abb. 8

mit Abb. 9 zeigt, kann man aber das F.V. auch als K.V. auffassen, da z. B.: $\eta_1 = H_1$, $\eta_2 = H_1 + V_1$, $\eta_3 = -H_1 + H_2$, $\eta_4 = V_2 + H_2$ und so fort. Das Formänderungsgrößenverfahren kann danach auch als Kraftgrößenverfahren auf der Basis von gruppenweise zusammengefaßten Kraftgrößen angesehen werden mit dem allerdings wesentlichen Unterschied, daß die Betrachtungsweise des F.V. gestattet, von diesen Lastgruppen als gegebenen Größen auszugehen, ohne ihre Beziehungen zu den Kraftgrößen selbst klarstellen zu müssen.

Mit der am Anfang dieses Abschnittes durchgeführten Berechnung sind die Ordinaten η_{8n} der β_{nn}-Linie für die Ordinate $\eta_8 = \beta_{88}$ festgelegt. Soll nun eine zweite β_{nn}-Linie ermittelt werden, so ergibt sich für diese aus Gleichung (61): $\eta_{(n\pm a)n} = \eta_{n(n\pm a)}$, daß ihre Ordinate $\eta_{n8} = \eta_{8n}$ bereits bekannt ist. Für die Berechnung der zweiten β_{nn}-Linie bleibt mithin nur noch eine frei wählbare Unbekannte, während alle weiteren β_{nn}-Linien dann keine frei wählbaren Unbekannten mehr enthalten.

Die Systematik der Berechnung der β_{nn}-Linien der Rechteckrahmen wird daher zweckmäßig derart vorgenommen, daß man beim ersten Ansatz gleich soviel β_{nn}-Linien zu berücksichtigen versucht, als das System frei wählbare Unbekannte enthält. Und zwar würde man bei k zu bestimmenden frei wählbaren Unbekannten die Linien β_{11} bis β_{kk} gleichzeitig bestimmen, da dann alle Ordinaten η_{1n} bis η_{kn} bekannt sind und die weiteren zu bestimmenden β_{nn}-Linien dann keine frei wählbaren Unbekannten mehr enthalten.

Für dieses Verfahren ergibt sich aus dem oben vorgeführten Beispiel, daß im Rechnungsgang (R_1) dabei die Faktoren der Ordinaten η_1 und η_2 stets die gleichen bleiben müssen, da nach Gleichung (56), (57) und (58) nur $(0+z)$ mit $(\pm 1 + z)$ abwechseln kann. Veränderlich sind daher bei gleichzeitiger Bestimmung mehrerer β_{nn}-Linien nur die Reihen, die die reinen Zahlenwerte enthalten.

Bei der Symmetrie des untersuchten Systems Abb 8. kann zur Bestimmung der Linien β_{11} und β_{22} auch die der Linien $\beta_{\overline{16}}$ und $\beta_{\overline{17}}$ vorgenommen werden. Für die Bestimmung dieser Linien bleibt der Rechnungsgang (R_1) bis η_{16} erhalten mit Ausnahme der reinen Zahlenwerte, die zu streichen sind. Unter Beachtung der LO-Regeln (57) und (58) lauten die letzten Zeilen dann:

$$(R_3) \quad \begin{array}{|l|l|}
\hline
 & \eta_{15} = 5045\eta_1 + 5043\eta_2 \\
 & \eta_{16} = 8160\eta_1 + 8159\eta_2 \\
6(-1+z) = \tfrac{1}{2}\cdot 2\eta_{15} + 2\eta_{16} + \eta_{17} & \eta_{17} = 21361\eta_1 - 21360\eta_2 - 6 \\
6(+1+z) = -\eta_{16} - 2\eta_{17} + 2\eta_{18} & \eta_{18} = 17279\eta_1 - 17280\eta_2 - 6 + 3' \\
\hline
\end{array}$$

$$\begin{array}{ll}
\eta_{17} + \eta_{18} = 0; & 38640\eta_1 + 38640\eta_2 = -12 + 3' \\
\sum \eta_k = 0; & 12864\eta_1 + 12876\eta_2 = -6 + 3'
\end{array}$$

$$\begin{array}{r}
12880\eta_1 + 12880\eta_2 = -4 + 1' \\
12864\eta_1 + 12876\eta_2 = -6 + 3' \\
\hline
24z = 16\eta_1 + 4\eta_2 = +2 - 2'
\end{array}$$

$$\begin{array}{r}
-12880\eta_1 - 12880\eta_2 = +4 - 1' \\
+51520\eta_1 + 12876\eta_2 = +6440 - 6440' \\
\hline
38640\eta_1 = +6444 - 6441' \\
-38640\eta_1 - 38649\eta_2 = +12 - 3' \\
\hline
-38640\eta_2 = +6456 - 6444'
\end{array}$$

(Vgl. hierzu die Ergebnisse von H_1 und V_1 oben.)

Die Ausrechnung der Ergebnisse bietet weiter kein Interesse. Es ist nur festzuhalten, daß, da es sich um einen harmonischen Rahmen handelt, für alle β_{nn}-Linien der linken Riegelordinaten $z = +\tfrac{1}{12}$, für diejenigen der rechten Riegelordinaten $z = -\tfrac{1}{12}$ werden muß, wie ermittelt.

Für die Theorie der Rechteckrahmen von Interesse ist dagegen das Verhältnis der Ordinaten $\varphi = \eta_1/\eta_2$ zueinander, das bei Durchlaufbalken für alle β_{nn}-Linien $n > 2$ gleichbleibend ist. Für obigen Rahmen erhält man

$$\varphi_8 = \frac{\eta_1(8)}{\eta_2(8)} = -\frac{5919}{4356} = -1{,}35822,$$

$$\varphi_{16} = \frac{\eta_1(16)}{\eta_2(16)} = -\frac{6444}{6456} = -0{,}99758,$$

$$\varphi_{17} = \frac{\eta_1(17)}{\eta_2(17)} = -\frac{6441}{6444} = -0{,}99953.$$

Das Verhältnis η_1/η_2 wechselt also von Lastangriff zu Lastangriff. Für φ_8 wird η_1 sogar größer als η_2. Das heißt, der Lastangriff β_{88} erzeugt an der ihm näher liegenden Riegelecke η_2 ein kleineres Moment, als an der ferner liegenden Riegelecke η_1.

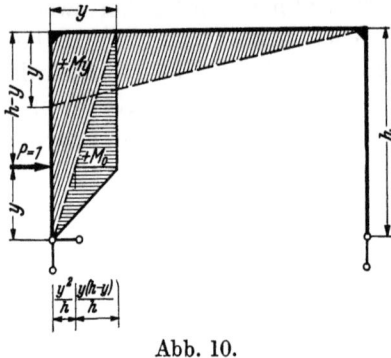

Abb. 10.

Darin prägt sich die Tatsache aus, daß es bei Rahmen mit waagerecht verschieblichen Riegeln keine Festpunkte im Sinne der Durchlaufbalken mehr gibt. Wie in Stahlbau 1938, S. 14 [3], ausgeführt ist, gibt es bei solchen Rahmen überhaupt keine Festpunkte, weder solche, die mit den Stäben zusammenfallen noch aber auch solche, die außerhalb der Stabachsen liegen.

Wird der Rahmenriegel dagegen gegen Verschiebung gesichert, so wird $6z = 0 = 4\eta_1 + \eta_2$, $\eta_1 = -\frac{1}{4}\eta_2$. Es treten unter dieser Voraussetzung wieder Festpunkte auf.

Da der berechnete Rahmen aus Stäben gleichbleibenden Querschnitts besteht, so erzeugen Riegellasten Momente nach Gleichung (17) und (18).

Für Stützenlasten ist eine M_0-Fläche nach Abb. 10 zu berücksichtigen.

Die Momentenfläche läßt sich in zwei Teilflächen zerlegen, von denen die eine mit der Eckordinate y der M_{za}-Fläche der Abb. 7 proportional ist, die andere mit der Ordinate $\frac{y(h-y)}{h}$ die Momentenfläche darstellt, die entsteht, wenn der Stiel als Balken auf zwei Stützen angesehen wird. Die Einflußlinie für Stützenlasten nimmt daher die Form an

$$(62) \quad \underline{\underline{M_E = \left[z \cdot \frac{y}{h} + \frac{y(h-y)(a' \cdot h + \beta' \cdot y)}{h^3}\right] \cdot P \cdot h,}}$$

oder für allgemeine Belastungsfälle

$$(63) \quad \underline{\underline{M_E = c_3 \cdot z + c_4 (\alpha' + \beta' \cdot c_5).}}$$

Ist η_f die Stielfußordinate und η_k die Stielkopfordinate so wird

$$(64) \quad \underline{\underline{\alpha' = \frac{(2\eta_f + \eta_k) h}{6 \cdot E \cdot J}, \quad \beta' = \frac{(\eta_k - \eta_f) \cdot h}{6 \cdot E \cdot J}.}}$$

Die Werte c_3; c_4 und c_5 sind in Tafel VI für verschiedene Belastungsfälle zusammengestellt.

10. Die frei wählbaren Ordinaten der eingespannten und durch unteren Riegel abgeschlossenen einstöckigen Rahmen.

Im vorhergehenden Abschnitt war darauf hingewiesen worden, daß bei der Berechnung der β_{nn}-Linien zweckmäßigerweise so viele gleichzeitig in Ansatz gebracht werden, als das System frei wählbare Ordinaten enthält, weil wegen der Beziehung $\eta_{n(n \pm a)} = \eta_{(n \pm a)n}$ für alle weiteren β_{nn}-Linien dann alle Ordinaten aus den bereits ermittelten ohne weiteres hervorgehen.

Es ist daher festzustellen, wieviel frei wählbare Ordinaten bei den einzelnen Rechteckrahmen möglich sind. Für den starr gestützten einstöckigen Rechteckrahmen mit aufgehobenem Horizontalschub wurde ihre Anzahl mit zwei ermittelt.

Ist der einstöckige Rahmen an den Fußpunkten eingespannt, so treten bei n Feldern zu den $(2n-1)$ statisch Unbekannten des Rahmens mit aufgehobenem Horizontalschub weitere $(n+1)$ statisch unbekannte Einspannmomente hinzu, so daß der Rahmen statisch $3n$-fach unbestimmt ist. Als starr gestützter Rahmen steht den $(n+1)$ hinzukommenden Unbekannten an jeder Stütze die Bedingung gegenüber, daß die Spitze der Stütze keine größere waagerechte Bewegung ausführen kann, als der Riegel, und daß diese Bewegung für alle Stützen gleich sein muß. Diese Bedingung wird hinsichtlich der Gleichungen (56) und (58) durch die Momentenfläche M_{ze} der Abb. 5 dargestellt.

Für jedes Einspannmoment steht mithin an jeder Stütze eine Bedingung zur Verfügung, so daß der eingespannte Rahmen ebensoviel frei wählbare Ordinaten hat, wie der gleiche Rahmen mit aufgehobenem Horizontalschub, nämlich zwei Stück.

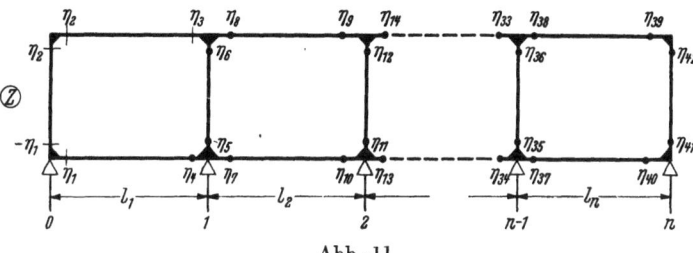

Abb. 11.

Wird der einstöckige Rahmen unten durch einen Riegel nach Abb. 11 abgeschlossen, so gilt für ihn im ersten Rahmenfeld folgendes:

Als unbekannte Ordinaten werden die Ordinaten η_1; η_2 und η_3 angenommen. Mit Hilfe der Momentenfläche M_{za} der Abb. 7 bestimmt sich daraus nach Gleichung (56) der Wert z. Aus z und η_1 erhält man mit M_{zc} (Abb. 7) die Ordinate η_4.

Die Flächen M_{zb} und M_{zd} der Abb. 7 ergeben zwei Gleichungen für die Ordinaten η_5 und η_6.

Im zweiten Rahmenfeld erhält man aus dem Knotengleichgewicht η_7 und η_8. Mit Hilfe der Momentenflächen M_{za} und M_{zc} erhält man η_9 und η_{10}. Die Momentenflächen M_{zb} und M_{zd} liefern zwei Bedingungsgleichungen für η_{11} und η_{12}.

Durch das Anfügen des zweiten Feldes kommt mithin keine frei wählbare Ordinate hinzu. Gleichgültig daher, wieviel Felder noch hinzugefügt werden; alle Ordinaten einschließlich des Wertes z drücken sich durch die frei wählbaren Ordinaten η_1; η_2 und η_3 des ersten Feldes aus.

Der starr gestützte einstöckige Rahmen mit unterem Riegel läßt hinsichtlich seiner β_{nn}-Linien drei frei wählbare Unbekannte zu.

Dem stehen im letzten Feld die Bedingungen gegenüber:

a) $\eta_{39} = -\eta_{42}$,
b) $\eta_{40} = \eta_{41}$,
c) $\sum \eta_f = \sum \eta_k$,

die die Bestimmung der unbekannten Ordinaten gestatten. Besitzt der Rahmen n Felder, so sind $2 \times (2n+n+1) = 6n+2$ Ordinaten und die Verschiebungsgröße z, zusammen also $(6n+3)$ Größen zu bestimmen. Dem stehen an Bedingungen gegenüber:

$2n+2$ Knotengleichgewichtsbedingungen,
$4n$ Verschiebungsbedingungen z
1 mal die Forderung $\sum H = 0$
―――――――
$6n+3$ Bedingungen.

Es werden wieder alle Bedingungen zur Bestimmung der Unbekannten ausgenützt.

11. Die frei wählbaren Ordinaten der starr gestützten Stockwerksrahmen.

Betrachtet man einen n-stieligen, frei drehbar gelagerten Rahmen mit unverrückbar festgehaltenen Stützenfüßen nach Abb. 12, so ergibt sich im unteren Stockwerk folgendes:

Die Stielkopfordinaten η_1; η_2; η_3 sowie die Verschiebung z_1 des Riegels 5 bis 10 werden als frei wählbare Unbekannte eingeführt. Dann ist die Ordinate η_4 aus der Forderung $\sum \eta_k = 0$ bestimmt. Durch Ansetzen der Momentenflächen M_{za} und M_{zd} der Abb. 7 in jedem

Rahmenfeld bestimmen sich nach Gleichung (56) bis (58) nacheinander die Riegelordinaten η_5 und η_6; η_7 und η_8; η_9 und η_{10}.

Denkt man sich den Rahmen verlängert, so braucht man stets soviel frei wählbare Ordinaten, als Stiele vorhanden sind, da im ganzen bei n Stützen $2(n-1)+n=(3n-2)$ Ordinaten sowie z_1, zusammen $(3n-1)$ Unbekannte zu ermitteln sind, für die $2(n-1)$-mal die Verschiebung z und die Forderung $\sum H = 0$, zusammen $(2n-1)$ Bedingungen zur Verfügung stehen. Es verbleiben mithin $(3n-1)-(2n-1) = n$ frei wählbare Unbekannte.

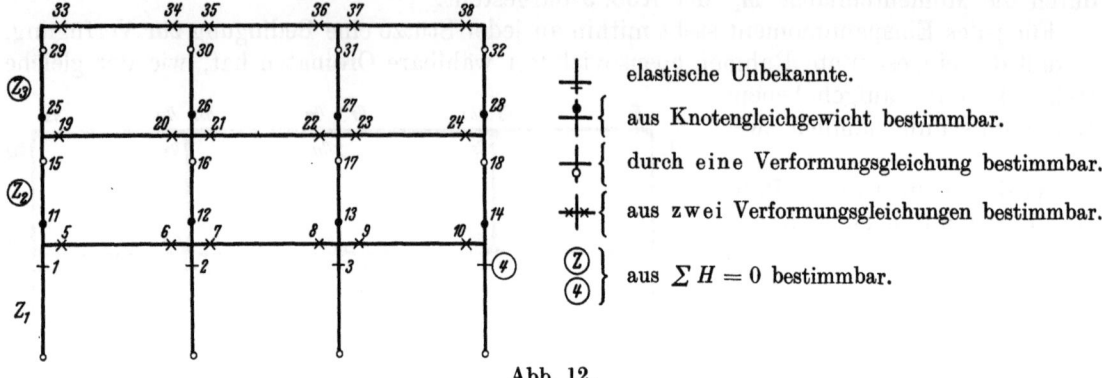

Abb. 12.

Im 2. Stockwerk (sowie in den dann folgenden) können

a) die Fußordinaten der Stiele aus dem Knotengleichgewicht,

b) die Kopfordinaten der Stiele durch Ansetzen von z_2 sowie der Momentenflächen M_{zb} bzw. M_{zc} der Abb. 7,

c) z_2 aus der Forderung $\sum H = 0$,

d) die $2(n-1)$ Riegelordinaten durch $2(n-1)$-malige Verwertung der Momentenflächen M_{za} bzw. M_{zd} der Abb. 7 ermittelt werden, so daß durch das Hinzufügen des zweiten wie auch weiterer Geschoße keine neuen Unbekannten erforderlich werden.

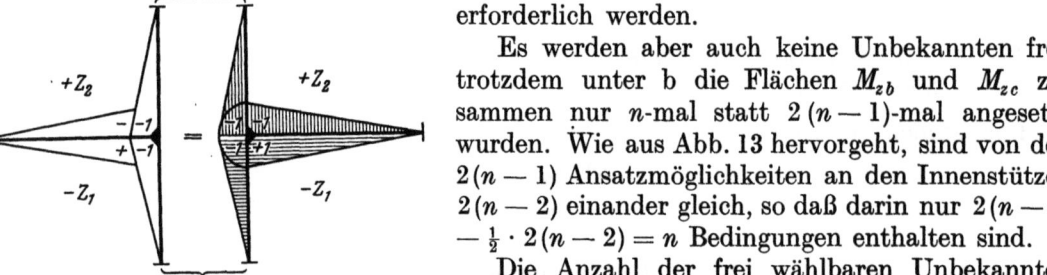

Abb. 13.

Es werden aber auch keine Unbekannten frei, trotzdem unter b die Flächen M_{zb} und M_{zc} zusammen nur n-mal statt $2(n-1)$-mal angesetzt wurden. Wie aus Abb. 13 hervorgeht, sind von den $2(n-1)$ Ansatzmöglichkeiten an den Innenstützen $2(n-2)$ einander gleich, so daß darin nur $2(n-1) - \frac{1}{2} \cdot 2(n-2) = n$ Bedingungen enthalten sind.

Die Anzahl der frei wählbaren Unbekannten bleibt daher durch alle Stockwerke gleich der des untersten Geschoßes.

Für diese n frei wählbaren Unbekannten stehen am Riegel des obersten Stockwerkes dann n Knotengleichgewichtsbedingungen zur Verfügung — an jeder Stütze eine. Für den Rahmen nach Abb. 12 muß z. B. sein:

a) $\eta_{29} = \eta_{33}$,

b) $\eta_{35} = \eta_{30} + \eta_{34}$,

c) $\eta_{37} = \eta_{31} + \eta_{36}$,

d) $\eta_{32} = -\eta_{38}$.

Damit sind alle Bedingungsgleichungen des Rahmens restlos zur Bestimmung der Unbekannten ausgenutzt.

Ist der Rahmen an den Füßen voll eingespannt, so ist für jede Einspannstelle die Bedingung der Gleichung (56) oder (58) mit Momentenflächen M_{ze} der Abb. 5 zu erfüllen. Für die hinzukommenden Einspannordinaten werden keine zusätzlichen frei wählbaren Unbekannten benötigt. Auch der n-stielige Rahmen mit eingespannten Stützenfüßen erfordert daher nur n frei wählbare Unbekannte.

Wird der Rahmen unten durch einen Riegel nach Abb. 14 abgeschlossen, so sind für den n-stieligen Rahmen im unteren Stockwerk zu ermitteln:

$4(n-1) = 4n - 4$ Riegelordinaten
$2n$ Stützenordinaten
1 Verschiebungsgröße z_1

zusammen $6n - 3$ unbekannte Größen.

Dem stehen an Bedingungen gegenüber

$4(n-1) = 4n - 4$ mal die Verschiebung z
n mal das Knotengleichgewicht am unteren Riegel
1 mal $\sum H = 0$

zusammen $5n - 3$ Bedingungen.

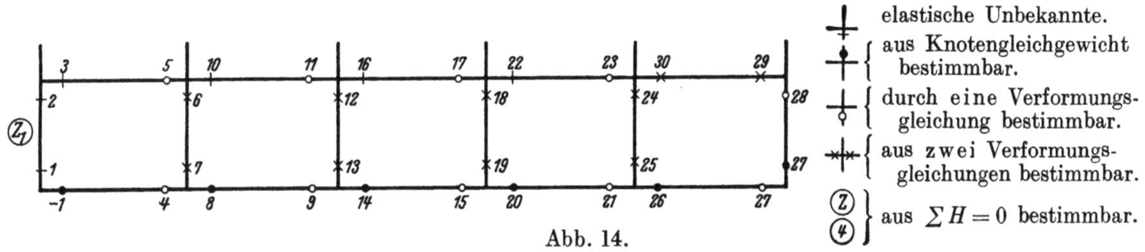

Abb. 14.

+ elastische Unbekannte.
+ { aus Knotengleichgewicht bestimmbar.
+ { durch eine Verformungsgleichung bestimmbar.
+ { aus zwei Verformungsgleichungen bestimmbar.
{ aus $\sum H = 0$ bestimmbar.

Es sind daher $(6n - 3) - (5n - 3) = n$ frei wählbare Unbekannte einzuführen, wie bei den unten offenen Stockwerksrahmen. Für alle starr gestützten Stockwerksrahmen gilt daher allgemein:

Jeder n-stielige starr gestützte Stockwerksrahmen mit großer Stockwerksanzahl läßt hinsichtlich seiner β_{nn}-Linien nur n frei wählbare Unbekannte zu.

Zwischen dem einstöckigen Rahmen mit 2 oder 3 frei wählbaren Unbekannten und dem vielstöckigen Rahmen mit n Unbekannten liegen noch Rahmen mit geringer Stockwerksanzahl, die aber nicht weiter behandelt werden sollen. Aus den vorgeführten Beispielen schält sich für die Rechteckrahmen bereits die allgemeine Tatsache heraus, daß jeder Rahmen soviel frei wählbare Unbekannte zu seiner Berechnung benötigt, als am letzten Stiel oder obersten Riegel Knotengleichgewichtsbedingungen vorhanden sind zuzüglich der nicht ausgenutzten Bedingungen $\sum H = 0$. Unter diesem Gesichtspunkt können die frei wählbaren Unbekannten der Rahmen mit geringerer Stockwerksanzahl ermittelt werden.

Können die Rahmen als gegen waagerechte Verschiebung der Riegel gesichert angesehen werden — ein Fall, der beispielsweise für achsensymmetrische Rahmen bei achsensymmetrischer Belastung vorliegt — so werden alle $z_i = 0$. Die sich daraus ergebenden Folgerungen sollen nicht weiter untersucht werden. Dagegen sind noch einige Ausführungen zu den in Stahlbau 1937/38 [3] behandelten „harmonischen" Stockwerksrahmen am Platze.

12. Die β_{nn}-Linien der „harmonischen" Stockwerksrahmen.

In Stahlbau 1937/38 ist in dem Aufsatz [3] eine Gruppe mehrfach symmetrischer Stockwerksrahmen behandelt, die sich gegenüber allen anderen symmetrischen und unsymmetrischen Stockwerksrahmen durch besondere Eigenheiten auszeichnen. Die „harmonischen" Stockwerksrahmen kann man sich dadurch entstanden denken, daß in jedem Geschoß lauter achsensymmetrische zweistielige Rahmen aneinandergereiht werden, wodurch die Innenstiele des so entstehenden Rahmens Doppelstiele mit dem doppelten Trägheitsmoment der Außenstiele werden.

Das besondere Kennzeichen dieser Rahmen besteht nun darin, daß sich bei ihnen die Momente infolge Windangriffes in Riegelhöhe stets im Verhältnis der Trägheitsmomente der Stiele auf diese verteilen, und daß außerdem alle Eckmomente eines Riegelstranges — vom Vorzeichen abgesehen — gleich groß werden. Bei allen nichtharmonischen Rahmen dagegen wechselt, wie Tafel I zeigt, die Verteilung der Momente sowie sich — bei sonst gleichbleibendem Steifigkeitsverhältnis der Riegel zueinander und der Stützen zueinander — das Steifigkeitsverhältnis der Riegel zu den Stützen ändert.

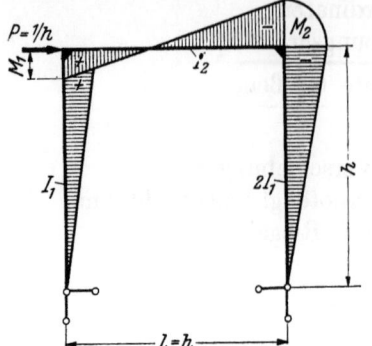

Tafel I.

$J_2/J_1 =$	0	1	2	3	4	∞
$M_1 =$	$+\dfrac{90}{180}$	$+\dfrac{80}{180}$	$+\dfrac{75}{180}$	$+\dfrac{72}{180}$	$+\dfrac{70}{180}$	$+\dfrac{60}{180}$
$M_2 =$	$-\dfrac{90}{180}$	$-\dfrac{100}{180}$	$-\dfrac{105}{180}$	$-\dfrac{108}{180}$	$-\dfrac{110}{180}$	$-\dfrac{120}{180}$

Diese Besonderheit der harmonischen Stockwerksrahmen wirkt sich nach Stahlbau 1937, S. 199 [3] für Windangriff in Riegelhöhe dahin aus, daß die Windwirkung auf Grund dreigliedriger Elastizitätsgleichungen ermittelt werden kann. Da nun die Verschiebungsgröße z_i der β_{nn}-Linien gleichbedeutend mit einem Windangriff $Q_{wi} = 1/h_i$ in Riegelhöhe ist, können die Verschiebungswerte z_i der β_{nn}-Linien der harmonischen Stockwerksrahmen für sich gesondert aus dreigliedrigen Elastizitätsgleichungen ermittelt werden. Macht man den Rahmen außerdem „stetig", d. h. alle Stockwerke einander gleich, so entstehen dreigliedrige Elastizitätsgleichungen [8] der Form: $-X_{(n-1)} + a \cdot X_n - X_{(n+1)} = -\dfrac{\delta_{n0}}{\delta_{n(n+1)}}$ [9] für die Bestimmung der Verschiebungswerte z_i.

Aus der Tatsache, daß bei harmonischen Stockwerksrahmen für Windangriff in Riegelhöhe bei jedem Riegelstab gleich große Eckmomente entgegengesetzten Vorzeichens auftreten (vgl. Stahlbau 1937, S. 197, Abb. 13, und S. 199, Abb. 18) folgt weiter, daß diese Rahmen bei achsensymmetrischer Belastung eines beliebigen Riegelstabes keinerlei Seitenbewegung erfahren. Für jede achsensymmetrische Belastung eines Riegelstabes eines harmonischen Stockwerksrahmens werden also alle $z_i = 0$.

Diese Zusammenhänge weisen den „stetigen harmonischen" Stockwerksrahmen innerhalb der Gruppe der Stockwerksrahmen die gleiche Stellung zu, die innerhalb der Gruppe der Durchlaufbalken die Durchlaufbalken über gleichen Öffnungen einnehmen. Ein Versuch, den Winklerschen Zahlen für Durchlaufbalken über gleichen Öffnungen entsprechende Zahlen für Stockwerksrahmen aufzustellen, kann daher nur von den „stetigen harmonischen" Stockwerksrahmen ausgehen [10].

---

[8] Über die Auflösung dreigliedriger Elastizitätsgleichungen nach Lewe [8] vgl. Stahlbau 1936, S. 151 [1] sowie die Ausführungen in Stahlbau 1937, S. 195/196 [3].

[9] Beachtenswert ist auch der Hinweis Lewes in Bauingenieur 1926, S. 529, in seinem Aufsatz [9]. Macht man nämlich bei homogenen dreigliedrigen Elastizitätsgleichungen

$$\frac{\delta_{22}}{\delta_{n(n\pm1)}} \text{ bis } \frac{\delta_{(z-1)(z-1)}}{\delta_{n(n\pm1)}} = \text{const} = a,$$

aber abweichend davon

$$\frac{\delta_{11}}{\delta_{n(n\pm1)}} = \frac{\delta_{zz}}{\delta_{n(n\pm1)}} = \frac{1}{2}\left[a + \sqrt{a^2-4}\right],$$

so werden alle β_{nn} einander gleich.

Mit $\varphi = (\mp)\frac{1}{2}\left[a - \sqrt{a^2-4}\right]$ wird

$$\beta_{nn} = \text{const} = -\frac{1}{\sqrt{a^2-4}}; \quad \beta_{n(n\pm i)} = \beta_{nn} \cdot \varphi^i.$$

[10] Dieses Ziel liegt auf Grund der klargestellten Zusammenhänge nicht außerhalb des Bereichs der Möglichkeit und erscheint vor allem aus wissenschaftlichen Gründen durchaus erstrebenswert. Bei der Nachprüfung des Wertes von Näherungsverfahren, beim Vergleich der Ergebnisse der experimentellen Statik mit denen der exakten Berechnung oder in sonstigen Fällen, bei denen Vergleiche mit der Rechnung erwünscht sind, immer macht sich der Mangel an greifbarem Zahlenmaterial bemerkbar. Die Folge ist, daß häufig die Ergebnisse vereinzelter Beispiele verallgemeinert werden, die in Wirklichkeit nur unter bestimmten Voraussetzungen zutreffen, und dann die praktische Statik für mehr oder minder lange Zeit mit falschen Vorstellungen belasten. Die Winklerschen Zahlen für Durchlaufbalken über beliebig vielen gleichen Öffnungen finden sich im 19. Abschnitt unter Gleichung (94a/d) und (95a/d).

13. Die β_{nn}-Linien der Vierendeelträger.

Der Vierendeelträger stellt, wie sich aus Abb. 15 ohne weiteres ergibt, einen zweistieligen, starr gestützten Stockwerksrahmen dar, der am oberen Riegel durch einen waagerechten Lastangriff $H_B = B \cdot \dfrac{h}{L}$ beansprucht wird.

Er läßt daher nach den Ausführungen des vorigen Abschnittes nur zwei frei wählbare Unbekannte zu.

Besonders einfach gestaltet sich bei ihm der Einfluß von Lastangriffen P in den Knoten auf die Rahmeneckmomente. Mit $H_B = P \cdot \dfrac{y}{L}$ wird der Einfluß auf ein Rahmeneckmoment nach Gleichung (62)

$$M_E = P \sum_{i=1}^{i} (z_i \cdot l_i) - H_B \sum_{n=1}^{n} (z_n \cdot l_n),$$

$$M_E = P \left[\sum_{i=1}^{i} z_i \cdot l_i - \frac{y}{L} \sum_{n=1}^{n} z_n \cdot l_n \right].$$

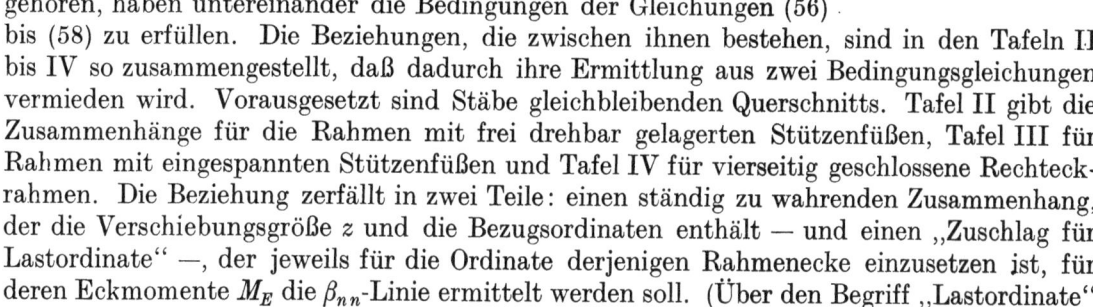

Abb. 15.

Tafeln und Formeln zur Berechnung der Rechteckrahmen.

14. Tafeln zur Ermittlung der β_{nn}-Linien bei Stäben mit gleichbleibendem Querschnitt.

Die Eckordinaten einer β_{nn}-Linie, die zu einem Rahmenrechteck gehören, haben untereinander die Bedingungen der Gleichungen (56) bis (58) zu erfüllen. Die Beziehungen, die zwischen ihnen bestehen, sind in den Tafeln II bis IV so zusammengestellt, daß dadurch ihre Ermittlung aus zwei Bedingungsgleichungen vermieden wird. Vorausgesetzt sind Stäbe gleichbleibenden Querschnitts. Tafel II gibt die Zusammenhänge für die Rahmen mit frei drehbar gelagerten Stützenfüßen, Tafel III für Rahmen mit eingespannten Stützenfüßen und Tafel IV für vierseitig geschlossene Rechteckrahmen. Die Beziehung zerfällt in zwei Teile: einen ständig zu wahrenden Zusammenhang, der die Verschiebungsgröße z und die Bezugsordinaten enthält — und einen „Zuschlag für Lastordinate" —, der jeweils für die Ordinate derjenigen Rahmenecke einzusetzen ist, für deren Eckmomente M_E die β_{nn}-Linie ermittelt werden soll. (Über den Begriff „Lastordinate"

Tafel II. Zur Entwicklung der β_{nn}-Linien bei drehbar gelagerten Stützenfüßen.

Es werden diejenigen Momente als positiv bezeichnet, die an der – – – – -Stabseite Zug erzeugen.

Bezeichnungen: $\dfrac{h}{J_l} = H_l$; $\dfrac{h}{J_r} = H_r$; $\dfrac{l}{J_0} = L_0$.

[$z \cdot h$] ist die unbekannte Verschiebung des Riegels gegen die Stützensenkrechte.

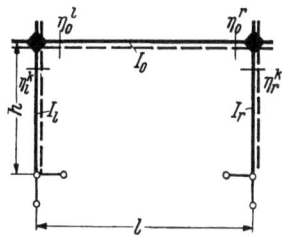

Gegeben	Gesucht	Ständige Beziehung	+ / −	Zuschlag für Lastordinate in η_l^k	η_0^l	η_0^r	η_r^k
$\eta_l^k ; \eta_0^l$	$L_0 \cdot \eta_0^r =$	$6Z - 2H_l \cdot \eta_l^k - 2L_0 \cdot \eta_0^l$	$+0$	-6	-6	$+0$	$+0$
	$2H_r \cdot \eta_r^k =$	$18Z - 4H_l \cdot \eta_l^k - 3L_0 \cdot \eta_0^l$	$+0$	-12	-12	$+6$	-6
$\eta_0^l ; \eta_0^r$	$2H_l \cdot \eta_l^k =$	$6Z - 2L_0 \cdot \eta_0^l - L_0 \cdot \eta_0^r$	$+0$	-6	-6	$+0$	$+0$
	$2H_r \cdot \eta_r^k =$	$6Z + L_0 \cdot \eta_0^l + 2 \cdot L_0 \cdot \eta_0^r$	$+0$	$+0$	$+0$	$+6$	-6
$\eta_l^k ; \eta_r^k$	$3L_0 \cdot \eta_0^l =$	$18Z - 4H_l \cdot \eta_l^k - 2H_r \cdot \eta_r^k$	$+0$	-12	-12	$+6$	-6
	$3L_0 \cdot \eta_0^r =$	$18Z + 2H_l \cdot \eta_l^k + 4H_r \cdot \eta_r^k$	$+0$	$+6$	$+6$	-12	$+12$

Tafel III. Zur Entwicklung der β_{nn}-Linien bei eingespannten Stützenfüßen.

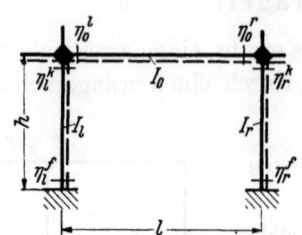

Es werden die Momente als positiv bezeichnet, die an der — — — — -Stabseite Zug erzeugen.

Bezeichnungen: $\dfrac{h}{J_l} = H_l;\ \dfrac{h}{J_r} = H_r;\ \dfrac{l}{J_0} = L_0;$

$[z \cdot h]$ ist die unbekannte Horizontalverschiebung des oberen Riegels.

Gegeben	Gesucht	Ständige Beziehung	+	Zuschlag für Lastordinate in					
			−	η_l^l	η_l^k	η_0^l	η_0^r	η_r^k	η_r^l
$\eta_l^l\ ;\ \eta_0^r$	$3 \cdot H_l \cdot \eta_l^l =$	$-18 Z + 2 L_0 \cdot \eta_0^l +\ \ \ L_0 \cdot \eta_0^r$	$+0$	-12	$+18$	$+18$	$+0$	$+0$	$+0$
	$3 \cdot H_l \cdot \eta_l^k =$	$+18 Z - 4 L_0 \cdot \eta_0^l - 2 \cdot L_0 \cdot \eta_0^r$	$+0$	$+6$	-18	-18	$+0$	$+0$	$+0$
	$3 \cdot H_r \cdot \eta_r^k =$	$+18 Z + 2 L_0 \cdot \eta_0^l + 4 \cdot L_0 \cdot \eta_0^r$	$+0$	$+0$	$+0$	$+0$	$+18$	-18	$+6$
	$3 \cdot H_r \cdot \eta_r^l =$	$-18 Z -\ \ \ L_0 \cdot \eta_0^l - 2 \cdot L_0 \cdot \eta_0^r$	$+0$	$+0$	$+0$	$+0$	-18	$+18$	-12
$\eta_l^l\ ;\ \eta_0^l$	$H_l \cdot \eta_l^k =$	$-6 Z - 2 H_l \cdot \eta_l^l$	$+0$	-6	$+6$	$+6$	$+0$	$+0$	$+0$
	$L_0 \cdot \eta_0^r =$	$+18 Z + 3 H_l \cdot \eta_l^l - 2 \cdot L_0 \cdot \eta_0^l$	$+0$	$+12$	-18	-18	$+0$	$+0$	$+0$
	$H_r \cdot \eta_r^k =$	$+30 Z + 4 H_l \cdot \eta_l^l - 2 \cdot L_0 \cdot \eta_0^l$	$+0$	$+16$	-24	-24	$+6$	-6	$+2$
	$H_r \cdot \eta_r^l =$	$-18 Z - 2 H_l \cdot \eta_l^l +\ \ \ L_0 \cdot \eta_0^l$	$+0$	-8	$+12$	$+12$	-6	$+6$	-4

Tafel IV. Zur Ermittlung der Ordinaten der β_{nn}-Linien bei unterem Riegel.

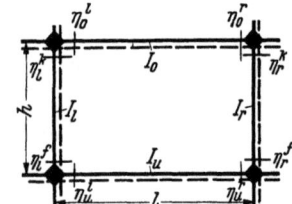

Es werden die Momente als positiv bezeichnet, die an der — — — — -Stabseite Zug erzeugen.

Bezeichnungen: $\dfrac{h}{J_l} = H_l;\ \dfrac{h}{J_r} = H_r;\ \dfrac{l}{J_u} = L_u;\ \dfrac{l}{J_0} = H_0.$

$[z \cdot h]$ ist die unbekannte Verschiebung des oberen Riegels gegen den feststehend gedachten unteren.

Gegeben	Gesucht	Ständige Beziehung	+	Zuschlag für Lastordinate in							
			−	η_u^l	η_l^l	η_l^k	η_0^l	η_0^r	η_r^k	η_r^l	η_u^r
$\eta_l^l\ ;\ \eta_u^l\ ;$ $\eta_u^r\ ;\ \eta_r^l\ ;$	$H_l \cdot \eta_l^k =$	$-6 Z + 2 L_u \eta_u^l + L_u \eta_u^r - 2 H_l \eta_l^l$	$+0$	$+6$	-6	$+0$	$+0$	$+0$	$+0$	$+0$	$+0$
	$L_0 \cdot \eta_0^l =$	$+18 Z - 2 L_u \eta_u^l + 2 H_l \eta_l^l + H_r \eta_r^l$	$+0$	-8	$+8$	-4	-4	$+2$	-2	$+4$	$+4$
	$L_0 \cdot \eta_0^r =$	$-18 Z - 2 L_u \eta_u^r - H_l \eta_l^l - 2 H_r \eta_r^l$	$+0$	$+4$	-4	$+2$	$+2$	-4	$+4$	-8	-8
	$H_r \cdot \eta_r^k =$	$-6 Z - L_u \eta_u^r - 2 L_u \eta_u^r - 2 H_r \eta_r^l$	$+0$	$+0$	$+0$	$+0$	$+0$	$+0$	$+0$	-6	-6
$\eta_u^l\ ;\ \eta_l^l\ ;$ $\eta_l^k\ ;\ \eta_0^l\ ;$	$L_u \cdot \eta_u^r =$	$+6 Z - 2 L_u \eta_u^l + 2 H_l \eta_l^l + H_l \eta_l^k$	$+0$	-6	$+6$	$+0$	$+0$	$+0$	$+0$	$+0$	$+0$
	$H_r \cdot \eta_r^l =$	$-18 Z + 2 L_u \eta_u^l + L_0 \eta_0^l - 2 H_l \eta_l^l$	$+0$	$+8$	-8	$+4$	$+4$	-2	$+2$	-4	-4
	$H_r \cdot \eta_r^k =$	$+18 Z -\ L_u \eta_u^l - 2 L_0 \eta_0^l - 2 H_l \eta_l^k$	$+0$	-4	$+4$	-8	-8	$+4$	-4	$+2$	$+2$
	$L_0 \cdot \eta_0^r =$	$+6 Z - 2 L_0 \eta_0^l - H_l \eta_l^l - 2 H_l \eta_l^k$	$+0$	$+0$	$+0$	-6	-6	$+0$	$+0$	$+0$	$+0$
$\eta_l^k\ ;\ \eta_0^l\ ;$ $\eta_0^r\ ;\ \eta_r^k\ ;$	$H_l \cdot \eta_l^l =$	$+6 Z - 2 L_0 \eta_0^l - L_0 \eta_0^r - 2 H_l \eta_l^k$	$+0$	$+0$	$+0$	-6	-6	$+0$	$+0$	$+0$	$+0$
	$L_u \cdot \eta_u^l =$	$+18 Z - 2 L_0 \eta_0^l - 2 H_l \eta_l^k - H_r \eta_r^k$	$+0$	-4	$+4$	-8	-8	$+4$	-4	$+2$	$+2$
	$L_u \cdot \eta_u^r =$	$-18 Z - 2 L_0 \eta_0^r + H_l \eta_l^k + 2 H_r \eta_r^k$	$+0$	$+2$	-2	$+4$	$+4$	-8	$+8$	-4	-4
	$H_r \cdot \eta_r^l =$	$+6 Z + L_0 \eta_0^l + 2 L_0 \eta_0^r - 2 H_r \eta_r^k$	$+0$	$+0$	$+0$	$+0$	$+0$	$+6$	-6	$+0$	$+0$

vgl. Abschnitt 8, den Schluß des 4. Absatzes.) Ist keine der Ordinaten des Rahmenrechteckes „Lastordinate", ist dieser Zuschlag gleich Null. Jede Ordinate eines Zwischenriegels oder einer Innenstütze ist „Lastordinate" in beiden an den Stab anschließenden Rahmenrechtecken.

Die Ermittlung der β_{nn}-Linien beginnt mit der Bestimmung der Anzahl der „frei wählbaren Ordinaten" des Systems und ihrer Auswahl nach Abschnitt 9 bis 13. Die Abschnitte 9 und 11 geben auch einen Anhalt für die Durchführung des Verfahrens. Besonders zu beachten sind die Ausführungen des 9. Abschnittes zur Systematik der Berechnung sowie die Gleichungen (59) bis (61).

15. Formeln für die maximale Laststellungen bei geraden Stäben gleichbleibenden Querschnitts.

Einfluß der Riegellasten.

Sind die Ordinaten der β_{nn}-Linien ermittelt, und ist das Trägheitsmoment J_s zwischen den Rahmenknoten konstant, so erhält man aus der linken Riegelordinate η^l und der rechten Riegelordinate η^r des belasteten Feldes den Einfluß von Riegellasten, indem man nach Gleichung (16) die Werte

(16) $$\alpha = \frac{(2\eta^l + \eta^r) \cdot l}{6 \cdot J_s/J_c}; \quad \beta = \frac{(\eta^r - \eta^l) \cdot l}{6 \cdot J_s/J_c}$$

bildet, nach Gleichung (18) zu

(18) $$M_E = c_1(\alpha + \beta \cdot c_2).$$

Die Werte c_1 und c_2 sind für einige Belastungsarten in Tafel V zusammengestellt. Die Gleichung der Einflußlinien üblicher Art ergibt sich danach zu

(65) $$M_E = \frac{x(l-x)(\alpha \cdot l + \beta \cdot x)}{l^3} \cdot P \cdot l.$$

Für symmetrische Feldbelastung kann der Einfluß der Belastung auch aus den Feldordinaten zu

(66) $$M_E = c_1 \cdot \frac{(\eta^l + \eta^r) \cdot l}{4 \cdot J_s/J_c}$$

ermittelt werden. Bei Rechteckrahmen empfiehlt sich aber stets die Ermittlung der Werte α und β, weil nur sie sofort erkennen lassen, ob die Einflußlinie im Bereich des belasteten Stabes das Vorzeichen wechselt oder nicht.

Vorzeichenwechsel tritt ein, wenn α und β entgegengesetztes Vorzeichen haben und $|\beta| > |\alpha|$ ist.

Ist $\beta = -\beta'$ und $\beta' > \alpha$, so wird

(67) $$M_E = \frac{x(l-x)(\alpha \cdot l - \beta' \cdot x)}{l^3} \cdot P \cdot l.$$

Tafel V. Festwerte für Riegellasten.

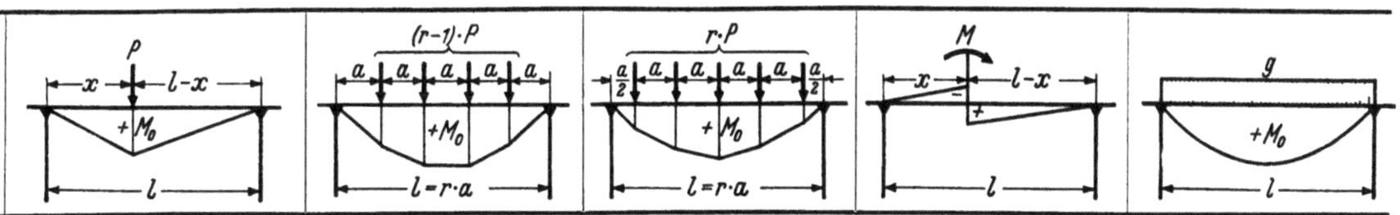

Lastfall	1	2	3	4	5
c_1	$\frac{x(l-x)}{l^2} \cdot P \cdot l$	$\frac{(r-1)(r+1)}{6r} \cdot P \cdot l$	$\frac{2r^2+1}{12r} \cdot P \cdot l$	$\frac{l-2x}{l} \cdot M$	$\frac{g \cdot l^2}{6}$
c_2	$\frac{x}{l}$	$\frac{1}{2}$	$\frac{1}{2}$	$\frac{x(2l-3x)}{l(l-2x)}$	$\frac{1}{2}$

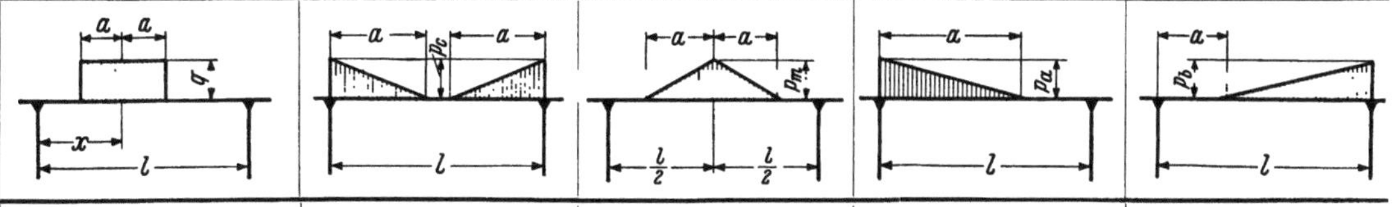

Lastfall	6	7	8	9	10
c_1	$\frac{2a[3x(l-x)-a^2]}{3l^2} \cdot q \cdot l^2$	$\frac{a^2(2l-a)}{6l^3} \cdot p_c \cdot l^2$	$\frac{a(3l^2-2a^2)}{12l^3} \cdot p_m \cdot l^2$	$\frac{a^2(2l-a)}{12l^3} \cdot p_a \cdot l^2$	$\frac{(l+a)(l-a)^2}{12l^3} \cdot p_b \cdot l^2$
c_2	$\frac{x}{l} + \frac{a^2(l-2x)}{l[3x(l-x)-a^2]}$	$\frac{1}{2}$	$\frac{1}{2}$	$\frac{a}{5l} \cdot \frac{5l-3a}{2l-a}$	$\frac{3l^2+4al+3a^2}{5l(l+a)}$

Tafel VI.

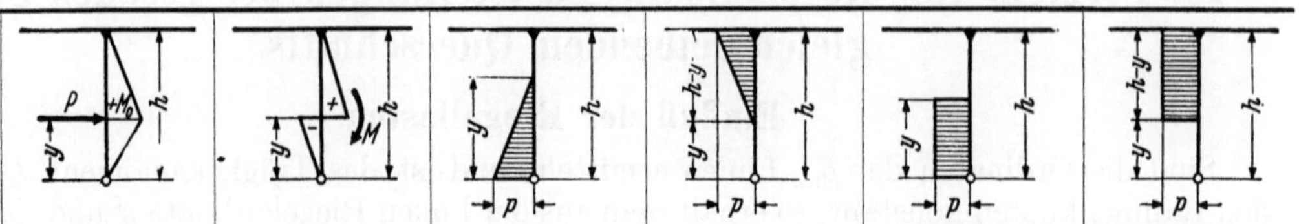

Lastfall	11	12	13	14	15	16
c_3	$y \cdot P$	M	$\dfrac{y^2}{6} \cdot p$	$\dfrac{(h-y)(2h+y)}{6} \cdot p$	$\dfrac{y^2}{2} \cdot p$	$\dfrac{h^2-y^2}{2} \cdot p$
c_4	$\dfrac{y(h-y)}{h} \cdot P$	$\dfrac{h-2y}{h} \cdot M$	$\dfrac{y(2h-y)}{12 \cdot h} \cdot p$	$\dfrac{(h-y)^2(h+y)}{12 \cdot h} \cdot p$	$\dfrac{y^2(3h-2y)}{6 \cdot h} \cdot p$	$\dfrac{(h-y)^2(h+2y)}{6 \cdot h} \cdot p$
c_5	$\dfrac{h}{y}$	$\dfrac{y(2h-3y)}{h(h-2y)}$	$\dfrac{y(5h-3y)}{5h(2h-y)}$	$\dfrac{3h^2+4hy+3y^2}{5h(h+y)}$	$\dfrac{y(4h-3y)}{2h(3h-2y)}$	$\dfrac{h^2+2hy+3y^2}{2h(h+2y)}$

Der positive Anteil gleichmäßiger Streckenlast wird dann

(68) $$\max Mg = \frac{g \cdot l^2}{12} \left(\frac{\alpha}{\beta'}\right)^3 (2\beta' - \alpha),$$

(69) $$\min Mg = -\frac{g \cdot l^2}{12} \left(\frac{\beta' - \alpha}{\beta'}\right)^3 (\alpha + \beta').$$

Maximale Laststellungen.

Für Felder ohne Vorzeichenwechsel der Einflußlinie im Felde ergibt sich die maximale Laststellung des Lastenzuges für Straßenbrücken (Abb. 16) bei gleichbleibendem J zwischen den Rahmenknoten mit

(70) $$N = (P_1 - 2pa) + (P_2 - 2pa)$$

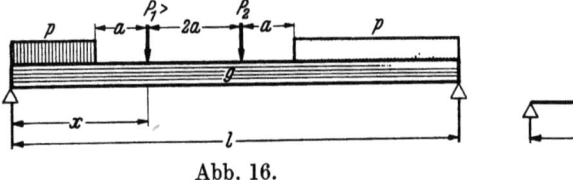
Abb. 16.

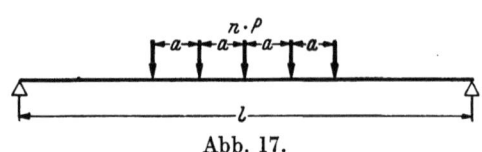
Abb. 17.

für

(71) $$x = -\frac{\alpha - \beta}{\beta} \cdot \frac{l}{3} - 2a \frac{P_2 - 2pa}{N} \pm \sqrt{\frac{\alpha^2 + \alpha\beta + \beta^2}{3\beta^2} \cdot \frac{l^2}{3} + \frac{4pa^3}{3N} - \frac{4a^2(P_1 - 2pa)(P_2 - 2pa)}{N^2}}.$$

Ist $\alpha = \beta$ (Endfelder von Durchlaufbalken), so wird

(71a) $$x = -2a \frac{P_2 - 2pa}{N} + \sqrt{\frac{l^2}{3} + \frac{4pa^3}{3N} - \frac{4a^2(P_1 - 2pa)(P_2 - 2pa)}{N^2}}.$$

Ist $\beta = 0$, so wird

(72) $$x = \frac{l}{2} - 2a \frac{P_2 - 2pa}{N}.$$

Dabei ist zu setzen: Beim Balken auf 2 Stützen:

(73) $$N = (g+p) \cdot l + 2(P_1 - 2pa) + 2(P_2 - 2pa),$$

(74) $$\max M = \frac{N}{2} \cdot \frac{x^2}{l} + \frac{pa^2}{2}.$$

Beim zweistieligen Zweigelenkrahmen:

(75) $$N = (P_1 - 2pa) + (P_2 - 2pa),$$

Tafeln und Formeln zur Berechnung der Rechteckrahmen.

(76) $$k = \frac{h}{J_h} \cdot \frac{J_r}{l}; \quad \varphi = \frac{1}{4(3+2k)},$$

(77) $$\min M_E = -\varphi \left[(g+p) l^2 + \frac{8\,p a^3}{l} + \frac{3}{2} N \cdot l - 24 \frac{a^2}{l} \frac{(P_1 - 2 p a)(P_2 - 2 p a)}{N} \right].$$

Für n gleiche Einzellasten „P" im Abstande „a" im Felde nach Abb. 17 erhält man

(78) $$\min M_E = - n \cdot P \cdot l \left[\frac{(\alpha - \beta)(2\alpha + \beta)(\alpha + 2\beta)}{27\,\beta^2} + 2\,\beta \sqrt{\left[\frac{\alpha^2 + \alpha \beta + \beta^2}{9\,\beta^2} - \frac{(n-1)(n+1)}{12}\left(\frac{a}{l}\right)^2\right]^3}\right].$$

Einfluß der Stützenlasten.

Stützenlasten erzeugen am statischen Hauptsystem eine Momentenfläche nach Abb. 10. Die M_0-Fläche des Balkens auf zwei Stützen wird von der M_y-Fläche unterlagert. Der Einfluß von Stützenlasten ist daher um den Einfluß der M_y-Fläche größer, als derjenige entsprechender Riegellasten.

Bei der Ermittlung der β_{nn}-Linien wird der Einfluß der M_y-Fläche für $y = 1$ mit z gefunden (vgl. Abb. 7a bis d).

Für den Einfluß von Stützenlasten lautet daher die der Gleichung (18) entsprechende Gleichung

(63) $$M_E = z_i \cdot c_3 + c_4 (\alpha'' + \beta'' \cdot c_5).$$

z_i deutet an, daß der dem Stockwerk „i" des Stockwerkrahmens entsprechende z-Wert einzusetzen ist, da für ein und dieselbe β_{nn}-Linie der Wert z für jedes Geschoß ein anderer ist.

Ist η^f die Stielfußordinate der β_{nn}-Linie an der belasteten Stütze, η^k die zugehörige Stielkopfordinate, so wird

(64) $$\alpha' = \frac{(2\eta^f + \eta^k) \cdot h}{6 \cdot J_s/J_c}, \quad \beta' = \frac{(\eta^k - \eta^f) \cdot h}{6 \cdot J_s/J_c}.$$

Die Werte c_3; c_4 und c_5 sind der Tafel VI zu entnehmen.

Zu beachten ist, daß ein horizontaler Lastangriff in einem Obergeschoß in allen darunter liegenden Geschoßen als Lastfall 11 (P in Riegelhöhe mit $y = h$) angreift.

Sind die Eckmomente ermittelt, so erhält man den vollständigen Momentenverlauf, indem man M_0-Flächen entsprechend Tafel VI, Lastfall 11 und 12, an die Eckmomente anschließt.

16. Vergleich der β_{nn}-Linien von Durchlaufbalken, einstöckigem und Stockwerksrahmen.

In Stahlbau 1938, S. 13 [3] finden sich in den Tafeln V bis VII die α- und β-Werte des gleichen Rahmeneckmoments von Durchlaufbalken, einstöckigem Rahmen und Stockwerksrahmen, deren Einflußlinien dort in den Bildern 22 (Durchlaufbalken), 24 (einstöckiger Rahmen) und 23 (Stockwerksrahmen) wiedergegeben sind.

Errechnet man sich aus diesen Zahlen mit Hilfe der Gleichung (19) die Ordinaten der zugehörigen β_{nn}-Linien, so erhält man diejenigen der Abb. 18 (Durchlaufbalken), 19 (einstöckigen Rahmen) und 20 (Stockwerksrahmen).

Die β_{nn}-Linien zeigen, der Entwicklung der Einflußlinien folgend, daß die Lastordinate anwächst, während die Ordinate auf der anderen Seite des Knotens fällt. Bildet man die Summe dieser beiden Ordinaten, so steigt auch diese an.

Vergleicht man die Abbildungen der β_{nn}-Linien mit denen der Einflußlinien, so fällt auf, daß man den β_{nn}-Linien nicht sofort ansehen kann, ob im Felde Vorzeichenwechsel eintritt oder nicht, wie dies bei den Einflußlinien sofort erkennbar ist.

Hat der belastete Stab zwischen den Knoten gleichbleibenden Querschnitt, so lautet für ihn die Gleichung der Einflußlinie nach Gleichung (17)

$$M_E' = \frac{x(l-x)(\alpha l + \beta x)}{l^3} \cdot P \cdot l.$$

Die Einflußlinie kann im Felde nun nur dann Vorzeichenwechsel aufweisen, wenn α und β verschiedene Vorzeichen aufweisen und gleichzeitig $|\alpha|<|\beta|$ oder $\left|\dfrac{\alpha}{c}\right|<\left|\dfrac{\beta}{c}\right|$ ist.

Nach Gleichung (16) ist

$$\frac{\alpha}{c}=2\,\eta_l+\eta_r;\qquad \frac{\beta}{c}=\eta_r-\eta_l.$$

Sollen $\dfrac{\alpha}{c}$ und $\dfrac{\beta}{c}$ verschiedene Vorzeichen haben und gleichzeitig $\left|\dfrac{\alpha}{c}\right|<\left|\dfrac{\beta}{c}\right|$ sein, so muß $\eta_r=-\eta_r'$ werden und $2\,\eta_l>\eta_r'$ sein. Dann wird

$$\frac{\alpha}{c}=2\,\eta_l-\eta_r';\qquad \frac{\beta}{c}=-(\eta_r'+\eta_l);$$

$$\left|\frac{\alpha}{c}\right|=2\,\eta_l-\eta_r';\qquad \left|\frac{\beta}{c}\right|=\eta_r'+\eta_l.$$

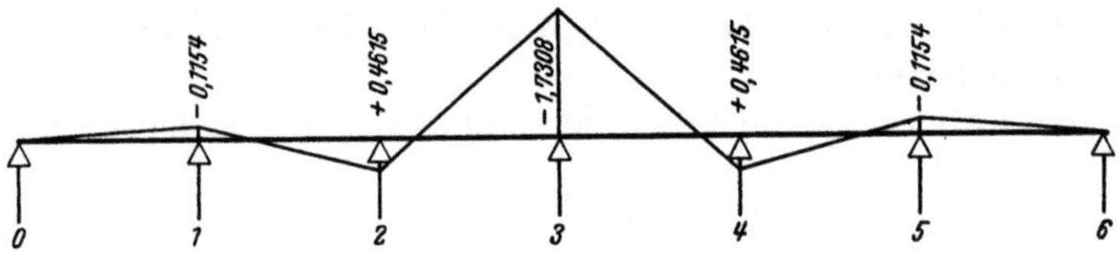

Abb. 18.

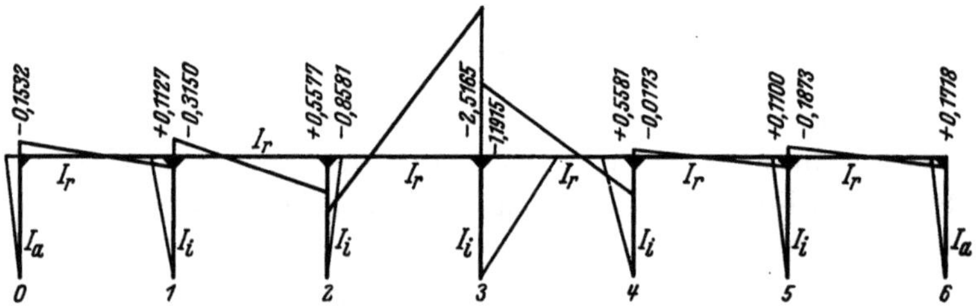

Abb. 19.

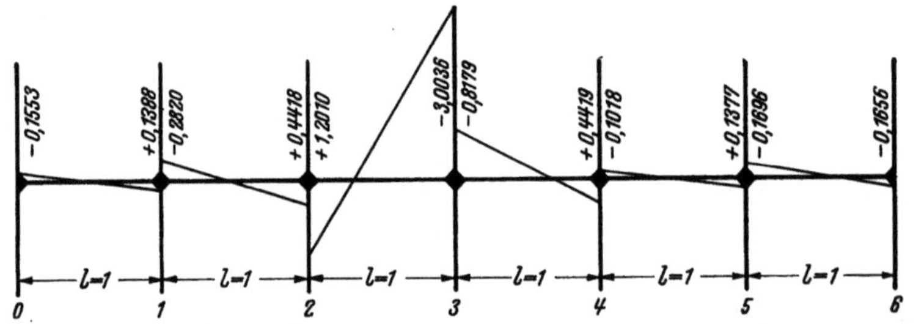

Abb. 20.

Damit $\left|\dfrac{\beta}{c}\right|>\left|\dfrac{\alpha}{c}\right|$ wird, sei $\left|\dfrac{\beta}{c}\right|=\left|\dfrac{\alpha}{c}\right|+d$.

$$\eta_r'+\eta_l=2\,\eta_l-\eta_r'+d,$$
$$\eta_l=2\,\eta_r'-d;\qquad \eta_l<2\,\eta_r'=-2\,\eta_r.$$

Sind daher gleichzeitig die Bedingungen erfüllt:

$$-\tfrac{1}{2}\,\eta_r<\eta_l<-2\,\eta_r,$$

d. h., haben beide Ordinaten verschiedene Vorzeichen und ist die kleinere von beiden größer als die Hälfte der größeren Ordinate, so tritt bei der Einflußlinie Vorzeichenwechsel im Felde ein.

Aus den Abb. 19 und 20 geht weiter hervor, daß bei waagerecht frei beweglichen Riegeln die Kraftwirkung anders verläuft, als bei den Näherungsverfahren gemeinhin angenommen wird. Vor allem zeigt Abb. 19 besonders anschaulich, daß die Riegeleckmomente nur an den Stützen 2 und 3 Lasterzeugende sind, d. h. größer sind als die anschließenden Eckmomente. Bei den Stützen 1; 4 und 5 dagegen erfolgt die Lasteinwirkung auf den Rahmen von den Stützen her.

Die Folge davon ist, wie sich aus Stahlbau 1938, S. 14, Tafel 9 [3] ergibt, daß z. B. das Näherungsverfahren von Löser[11] besonders für die Stützenstränge zu kleine Momente ergibt.

---

[11] Löser: Bemessungsverfahren. Berlin: Wilhelm Ernst & Sohn 1938.

Allseitig gelagerte rechteckige Trägerroste und Durchlaufbalken.

17. Die β_{nn}-Linien allseitig gelagerter viereckiger Trägerroste.

Bei der Untersuchung der β_{nn}-Linien allseitig starr gelagerter Trägerroste hinsichtlich der Anzahl ihrer frei wählbaren Ordinaten kann von der Tatsache Gebrauch gemacht werden, daß es bei starr gestützten Systemen erlaubt ist, zur Ermittlung irgendeiner Verformung von den beiden in Ansatz zu bringenden Momentenflächen nur eine Momentenfläche als Lastangriff am statischen Hauptsystem wirken zu lassen; die andere aber kann als Momentenfläche an einem beliebigen statisch bestimmten oder unbestimmten Zwischensystem gewählt werden [12].

Man kann daher für allseitig gelagerte Trägerroste so vorgehen, daß man für die Momentenfläche der wirklichen Belastung das System als an den Rändern unterstützt ansieht, hinsichtlich der β_{nn}-Linien aber Stützung in jedem Kreuzungspunkt zweier Stäbe annimmt [13].

Die Momentenflächen der statisch Unbestimmten am statischen Hauptsystem reichen mithin bei einem viereckigen Trägerrost nach Abb. 22 nur über die anschließenden vier Stäbe bis zum nächsten Knoten. Nach Abb. 22b können Verformungen nur zwischen der M_n-Fläche und den Flächen M_b, $M_{(n-1)}$, $M_{(n+1)}$ und M_e auftreten. Es entstehen somit fünfgliedrige Elastizitätsgleichungen, die sich auf vier Glieder verringern, wenn $\overline{ad}$ oder $\overline{ae}$ oder $\overline{ef}$ oder $\overline{df}$ Rand des Trägerrostes wird und $M_b = 0$ oder $M_{(n+1)}$ oder $M_{(n-1)}$ oder $M_e = 0$ wird. Sind zwei dieser Seiten zugleich Trägerrand (z. B. $\overline{ac}$ und $\overline{ad}$), so fallen zwei weitere Glieder aus ($M_b = 0$; $M_{(n-1)} = 0$) und die Elastizitätsgleichung wird dreigliedrig.

[12] Die Bezeichnung „Reduktionssatz" für die lange vorher bekannte Beziehung führte Pasternak im „Eisenbetonbau" 1922, S. 16, ein. Der Inhalt dieses Satzes kann in dem mehrfach angezogenen Aufsatz [3] in Stahlbau 1937, S. 195, nachgelesen werden.

[13] Daß dieses zulässig ist, ergibt sich ohne weiteres aus einem Vergleich von Bild 1a in Stahlbau 1937, S. 139 [2] mit Stahlbau 1938, S. 15, Tafel 10a [3], wo nach Sinus-Gewichten geordnete Momentenflächen sowohl für den in den Zwischenpunkten nur elastisch gestützten Trägerrost, wie für den starr gestützten Durchlaufbalken gelten.

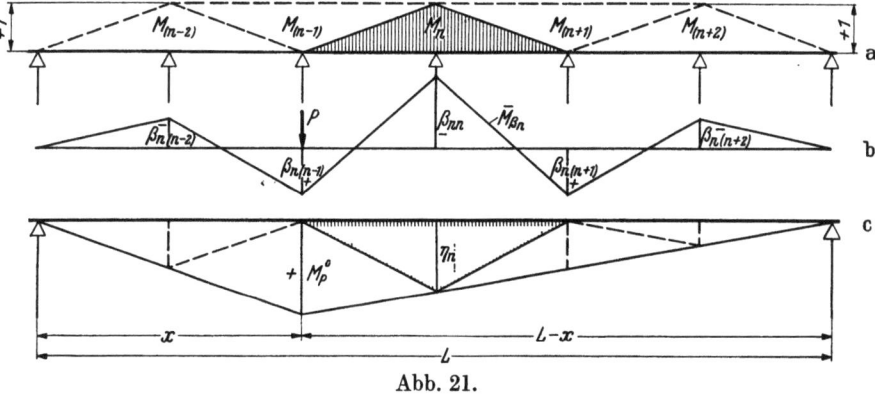

Abb. 21.

Anderseits kann man für die $M^{(0)}$-Fläche der Belastung bei Durchlaufbalken ohne weiteres die Summe aller Stützweiten als Stützweite der Belastung ansetzen. Aus Abb. 21 ergibt sich für eine über einer starren Stütze stehenden Last nach Abb. 21a und b auf Grund der Verträglichkeitsbedingungen (12) und (13) folgendes:

Da

1. $\int M_{(n \pm a)} \cdot \overline{M}_{\beta n} \cdot ds = 0$,

2. $\int M_n \cdot \overline{M}_{\beta n} \cdot ds = -1$,

so wird

3. $X_n = \int M_P^{(0)} \cdot \overline{M}_{\beta n} \cdot ds = -\eta_n$

und

4. $M_P^{(0)} + X_n = +\eta_n - \eta_n = 0$.

Die über einer Stütze stehende Last ruft keine Momente im starr gestützten System hervor, wie als Ergebnis zu fordern war.

Setzt man nach Abb. 22a jetzt die Verträglichkeitsbedingung (12) [bzw. (13)] für den Knoten a an, so erhält man eine Beziehung zwischen η_a; η_b und η_{b_1}. Werden η_a und η_b als unabhängige Ordinaten der β_{nn}-Linie gewählt, so ist η_{b_1} von diesen beiden abhängig.

Die Verträglichkeitsbedingung auf den Knoten b angesetzt, ergibt eine Beziehung zwischen η_b und η_a; η_c und η_{c_1}. η_a und η_b sind bereits als unabhängige Ordinaten gewählt. Sieht man η_c ebenfalls als unabhängig an, so ist η_{c_1} von η_a, η_b und η_c abhängig. Auf den bereits bekannten Knoten b_1 angesetzt, ergibt sich η_{c_2} als abhängig von η_{b_1}; η_a und η_c, und da η_{b_1} von η_a und η_b abhängt, ist η_{c_2} wie η_{c_1} abhängig von η_a; η_b und η_c.

Wird das Verfahren in der gleichen Art fortgesetzt, so erhält man mit η_d als unabhängiger Ordinate durch Ansatz auf die Knoten c_1; c und c_2 die Ordinaten η_{d_1};

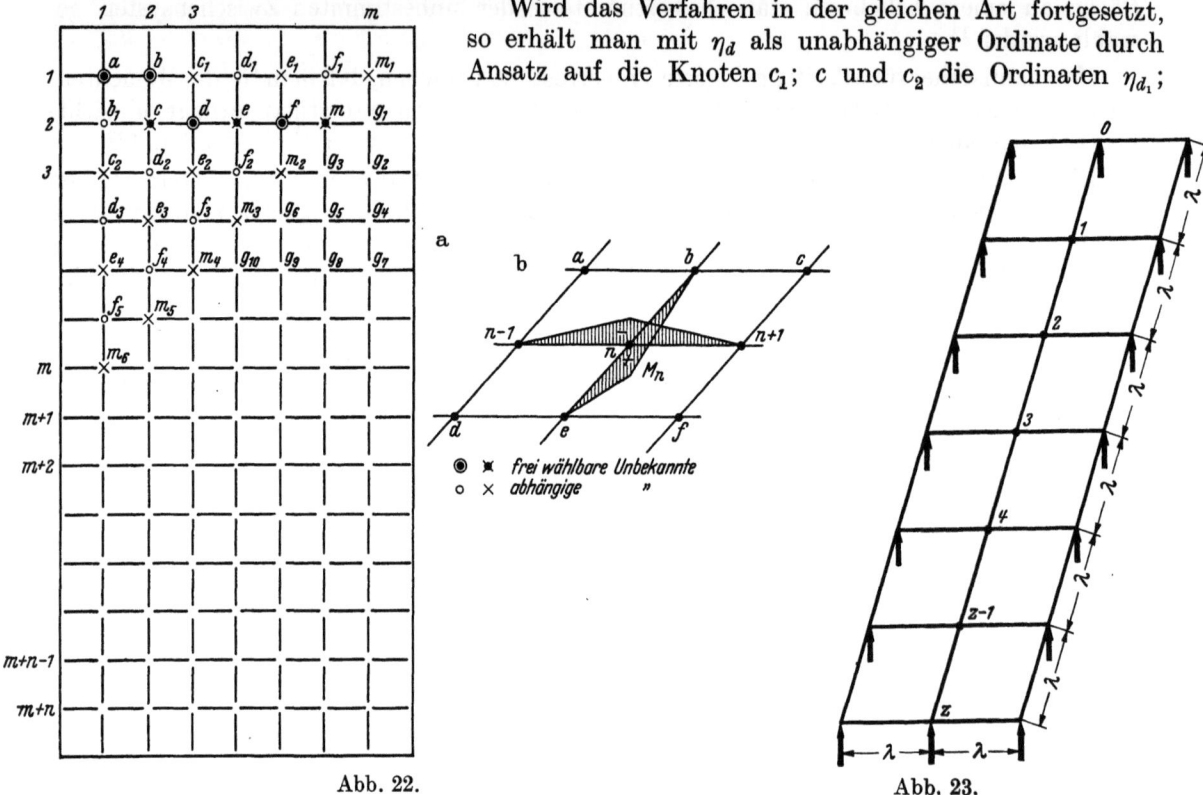

Abb. 22.   Abb. 23.

η_{d_2} und η_{d_3} in Abhängigkeit von η_a; η_b; η_c und η_d; des weiteren η_{e_1} bis η_{e_4} abhängig von η_a bis η_e; η_{f_1} bis η_{f_5} abhängig von η_a bis η_f; η_{m_1} bis η_{m_6} abhängig von η_a bis η_m. Ganz gleich, um wieviele Felder nun der Trägerrost noch erweitert wird, mit m frei gewählten Ordinaten sind zunächst alle Ordinaten bis zur m-ten Diagonale festgelegt. Die restlichen Ordinaten lassen sich nunmehr sämtlich durch die bislang bekannten ausdrücken.

Der Ansatz für m_1 ergibt η_{g_1} abhängig von η_a bis η_m;
der Ansatz für g_1 ergibt η_{g_2} abhängig von η_a bis η_m;
der Ansatz für m ergibt η_{g_3} abhängig von η_a bis η_m;
der Ansatz für g_2 ergibt η_{g_4} abhängig von η_a bis η_m;
der Ansatz für g_3 ergibt η_{g_5} abhängig von η_a bis η_m;
der Ansatz für m_2 ergibt η_{g_6} abhängig von η_a bis η_m; und so fort.

Aus dem Ansatz für die Knoten der Reihe $(m + n - 1)$ erhält man die Ordinaten der Reihe $(m + n)$.

Der zum Schluß dann durchzuführende Ansatz für die m Knoten der Reihe $(m + n)$ ergibt m Bedingungsgleichungen für die m frei wählbaren Ordinaten.

Jeder allseitig gelagerte, viereckige Trägerrost mit $m (m + n)$ Kreuzungsstellen läßt nur „m" frei wählbare Ordinaten zu.

Dabei bleibe allerdings unberücksichtigt, daß diese Anzahl sich für solche β_{nn}-Linien verringert, für die in irgendeiner Form einfache oder doppelte Achsensymmetrie besteht.

(Einfache Achsensymmetrie liegt in Abb. 22a z. B. für die Knoten der senkrechten Reihe d_1; e; f_2 ... vor.)

Für einen einreihigen Trägerrost nach Abb. 23 der nach obigen Ausführungen nur **eine** frei wählbare Ordinate zuläßt, erhält man für $\frac{\lambda}{E \cdot J} = \text{const}$

$$(79) \quad M_{(n-1)} + a \cdot M_n + M_{(n+1)} = -\frac{\delta_{n0}}{\delta_{n(n+1)}}$$

mit der Zahlenfolge $a = 8$ [vgl. Stahlbau 1937, S. 196 [3], Fußnote 2]. Ihre β_{ik}-Werte sind nach Stahlbau 1937, S. 196 [3], Tafel 2:

$$(80) \quad \beta_{n(n-i)} = \beta_{(n-i)n} = (-1)^{(z+1)} \frac{Z_{(n-i)} \cdot Z_{(z-n)}}{Z_z \cdot \delta_{n(n+1)}}.$$

Haben Längsträger einerseits und Querträger anderseits verschiedene Steifigkeit, so nimmt der Wert a in Gleichung (79) andere Werte an (vgl. auch [9]). Werden die Querträger unendlich steif, wird $a = 4$ und der Längsträger wirkt als Durchlaufbalken über starren Stützen. Wird der Längsträger unendlich steif, wird $a = \infty$ und die Querträger wirken als Balken über 3 Stützen.

18. Die β_{nn}-Linien der Durchlaufbalken.

Bei der üblichen Behandlung der Durchlaufbalken liegt der in Gleichung (21) und (55) behandelte Fall vor, daß für max $M_n = 1$ alle $M_{(n \pm a)} = 0$ sind. Es gilt daher mit Gleichung (48) und (55)

$$(81) \quad \eta_{(n \pm a)n} = \eta_{n(n \pm a)} = \beta_{n(n \pm a)} = (-1)^{(a+1)} \frac{D_{(n \pm a)}}{D_n}.$$

Aus dem Satz über die frei wählbaren Ordinaten der Trägerroste ergibt sich für die Durchlaufbalken, wenn man sie als einreihigen Trägerrost nach Abb. 23 mit unendlich steifen Querträgern auffaßt, daß sie nur **eine** frei wählbare Unbekannte zulassen.

Die Auflösung der dreigliedrigen Elastizitätsgleichungen erfolgt am zweckmäßigsten nach Lewe [8] in der in Stahlbau 1936, S. 151/152 [1] angegebenen Form. Danach stellt man zunächst die β_{zz}-Linie derart auf, daß man nicht η_1 als Bezugsordinate wählt, sondern jeweils jede Ordinate durch die ihr folgende in der Form:

$$(82) \quad \eta_n = -i_{n(n+1)} \eta_{(n+1)}$$

ausdrückt. Zum Schluß erhält man den Wert $\eta_{zz} = \beta_{zz}$ (in Stahlbau 1936, S. 151, mit D_{zz} bezeichnet). Sodann ermittelt man β_{11}, indem man das Gleichungssystem in umgekehrter Reihenfolge eliminiert. Man erhält dann

$$(83) \quad \eta_n = -k_{n(n-1)} \eta_{(n-1)}$$

mit dem Schlußglied $\eta_{11} = \beta_{11}$ (in Stahlbau 1936, S. 151, mit D_{11} bezeichnet).

Zwischen η_{11} und η_{zz} besteht dann die Beziehung

$$(84) \quad \eta_{11} \cdot \frac{k_{21}}{i_{12}} \cdot \frac{k_{32}}{i_{23}} \cdot \frac{k_{43}}{i_{34}} \cdots \frac{k_{(n+1)n}}{k_{n(n+1)}} \cdots \frac{k_{z(z-1)}}{i_{(z-1)z}} = \eta_{zz}$$

Ferner ist

$$(85) \quad \eta_{nn} = \eta_{11} \cdot \frac{k_{21}}{i_{12}} \cdot \frac{k_{32}}{i_{23}} \cdots \frac{k_{n(n-1)}}{i_{(n-1)n}},$$

$$(86) \quad \eta_{n(n+a)} = (-1)^a \cdot \eta_{nn} \cdot k_{(n+1)n} \cdot k_{(n+2)(n+1)} \cdots k_{(n+a)(n+a-1)},$$

$$(87) \quad \eta_{(n+a)n} = \eta_{n(n+a)}.$$

Werden die β_{nn}-Linien aus Clapeyronschen Gleichungen ermittelt, so ist zu beachten, daß diese mit den 6fachen δ-Werten rechnen. Soll in Verbindung mit ihnen Tafel V benutzt werden, so kann dieses entweder bei der 2. Verträglichkeitsbedingung berücksichtigt werden, oder aber bei Gleichung (16), die dann die Form annimmt

(16a) $$\alpha = \frac{(2\eta_l + \eta_r) l}{E \cdot J}; \quad \beta = \frac{(\eta_r - \eta_l) l}{E \cdot J}$$

Dann bleibt Gleichung (18) erhalten

(18) $$X_n = M_n = c_1 (\alpha + \beta \cdot c_2)$$

und die Werte c_1 und c_2 können der Tafel V entnommen werden.

19. Die β_{nn}-Linien der Durchlaufbalken über gleichen Öffnungen.

Wie in Stahlbau 1936, S. 152 [1] zum Schluß angegeben wurde, sind die Verhältnisse $i_{n(n+1)}$ und $k_{n(n-1)}$ bei Durchlaufbalken über gleichen Öffnungen durch die Zahlenfolge: 1, 4, 15, 56 ... gekennzeichnet. In Stahlbau 1937 [3] ist auf S. 195 in Gleichung (7) darauf hingewiesen worden, daß bei harmonischen Stockwerksrahmen Clapeyronsche Gleichungen der allgemeinen Form

(88) $$M_{(n-1)} + a \cdot M_n + M_{(n+1)} = -\frac{\delta_{10}}{\delta_{n(n-1)}}$$

auftreten. Auch diese weisen bestimmte Zahlenfolgen auf. Allen diesen Zahlenfolgen sind folgende Zusammenhänge gemeinsam:

Voraussetzungen: $\begin{cases} Z_1 = 1 \\ Z_2 = a \\ Z_{(n+1)} = a \cdot Z_n - Z_{(n-1)} \end{cases}$.

Sie können auch durch die Gleichung

(89) $$\frac{Z_{(n+1)} + Z_{(n-1)}}{Z_n} = a$$

bzw. die Aufgabe dargestellt werden: Eine Folge ganzer Zahlen so zu bestimmen, daß das Verhältnis der Summe aus der größeren und der kleineren zur mittleren Zahl konstant ist. Diese Forderung erfüllt in erster Linie mit $a = 2$ die natürliche Zahlenreihe $Z_n = n$. Allen durch Gleichung (89) gekennzeichneten Zahlenreihen aber sind die Beziehungen gemeinsam:

$$Z_{(n+1)} = a^n - \binom{n-1}{1} a^{(n-2)} + \binom{n-2}{2} a^{(n-4)} - \binom{n-3}{3} a^{(n-6)} + \cdots,$$

$$Z_{(2n+1)} = Z_{(n+1)}^2 - Z_n^2 = [Z_{(n+1)} + Z_n][Z_{(n+1)} - Z_n],$$

$$Z_{2n} = Z_n [Z_{(n+1)} - Z_{(n-1)}],$$

$$Z_{n+m} = Z_m \cdot Z_{(n+1)} - Z_{(m-1)} \cdot Z_n = Z_{(m+1)} \cdot Z_n - Z_m \cdot Z_{(n-1)},$$

$$Z_{(n-m)} = Z_m \cdot Z_{(n-1)} - Z_{(m-1)} \cdot Z_n = Z_{(m+1)} \cdot Z_n - Z_m \cdot Z_{(n+1)},$$

$$\sum_{m=0}^{n} Z_{(2m+1)} = Z_{(n+1)}^2; \quad \sum_{m=0}^{n} Z_{2m} = Z_n \cdot Z_{(n+1)},$$

$$\sum_{m=1}^{2n+1} Z_m = Z_{(n+1)} [Z_{(n+1)} + Z_n]; \quad \sum_{m=1}^{2n} Z_m = Z_n [Z_{(n+1)} + Z_n],$$

$$(a^2 - 4) Z_n^2 + 4 = [Z_{(n+1)} - Z_{(n-1)}]^2 = \left[\frac{Z_{(n+m)} - Z_{(n-m)}}{Z_m}\right]^2.$$

Aus (89) $\dfrac{Z_{(n+1)}}{Z_n} + \dfrac{1}{\dfrac{Z_n}{Z_{(n-1)}}} = a$ folgt für $n = \infty$ mit $\dfrac{Z_{(n+1)}}{Z_n} = \dfrac{Z_n}{Z_{(n-1)}}$:

$$\lim_{n=\infty} \frac{Z_{n+1}}{Z_n} = \frac{1}{2}[a + \sqrt{a^2 - 4}]; \quad \lim_{n=\infty} \frac{Z_n}{Z_{(n+1)}} = \frac{1}{2}[a - \sqrt{a^2 - 4}].$$

Für den Durchlaufbalken über gleichen Öffnungen ist $a = 4$. Die Zahlenfolge Z_1 bis Z_{13} ist in Tafel VII zusammengestellt. (Die Zahlenfolge Z_1 bis Z_8 für $a = 1$ bis 8 s. Stahlbau 1937, S. 196 [3].) Die Ordinate $\eta_{(n-a)\,n}$ wird

(90[14]) $$\delta_{12} \cdot \eta_{(n-a)\,n} = (-1)^{(a+1)} \frac{Z_{(n-a)} \cdot Z_{(z-n)}}{Z_z},$$

Tafel VII. Zur Berechnung von Durchlaufbalken über gleichen Öffnungen in Verbindung mit Gl. (94 a bis d) und Gl. (95 a bis d).

		Belastung	$\dfrac{\delta_{10}}{\delta_{12}}$
$Z_1 =$	1	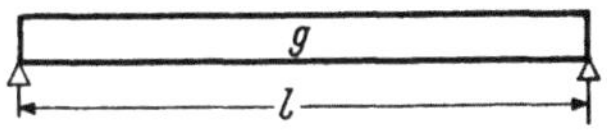	$\dfrac{g \cdot l^2}{4}$
$Z_2 =$	4	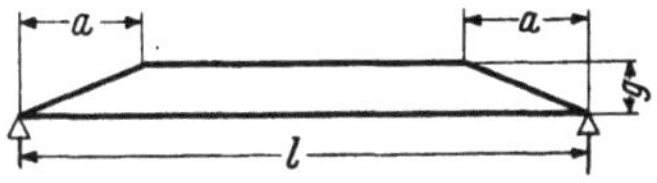	
$Z_3 =$	15		$\dfrac{(l-a)(l^2 + al - a^2)}{l^3} \dfrac{g \cdot l^2}{4}$
$Z_4 =$	56	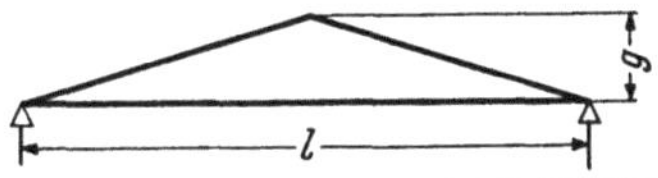	
$Z_5 =$	209		$\dfrac{5}{32} g \cdot l^2$
$Z_6 =$	780	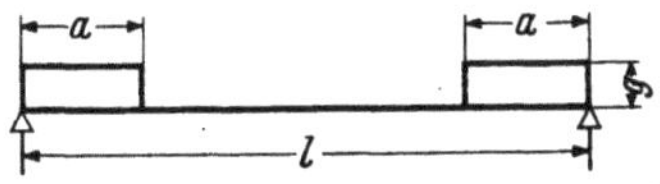	
$Z_7 =$	2911		$\dfrac{a^2(3l - 2a)}{l^2} \dfrac{g \cdot l^2}{2}$
$Z_8 =$	10864	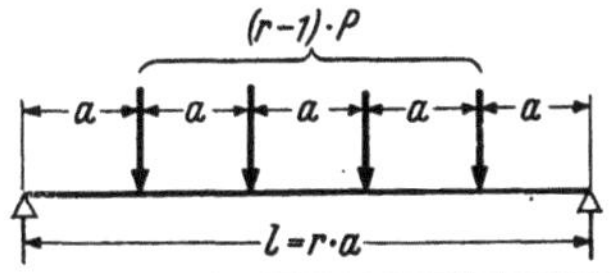	
$Z_9 =$	40545		$\dfrac{(r-1)(r+1)}{4r} P \cdot l$
$Z_{10} =$	151316		
$Z_{11} =$	564719	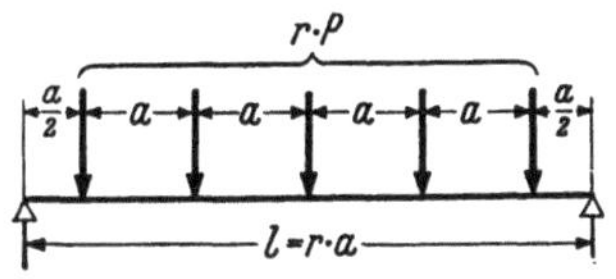	
$Z_{12} =$	2107560		$\dfrac{2r^2 + 1}{8r} P \cdot l$
$Z_{13} =$	7865521		

(91) $$\alpha = \delta_{12}(2\eta_l + \eta_r); \quad \beta = \delta_{12}(\eta_l - \eta_r),$$

(92) $$M_n = c_1(\alpha + \beta c_2),$$

wobei c_1 und c_2 der Tafel V zu entnehmen sind.

Für symmetrische Feldbelastungen ($\delta_{i0} = \delta_{10} = $ const bzw. $\mathfrak{L} = \mathfrak{R}$) ergibt sich für einen Durchlaufbalken über gleichen Öffnungen [$\delta_{n(n\pm a)} = $ const $= \delta_{12}$; $\delta_{nn} = $ const $= 4 \cdot \delta_{12}$] aus der β_{nn}-Linie der Einfluß eines einzigen Feldes auf das gesuchte Stützmoment zu

(93) $$M_n = \frac{\delta_{10}}{\delta_{12}} (\eta_l + \eta_r).$$

---

[14] Nach Stahlbau 1937, S. 199 [3], Gleichung (62) bis (64) entspricht dieser Ausdruck im Falle $a = 4$ folgender endlicher Sinusreihe:

$$(-1)^{(a+1)} \frac{Z_{(n-a)} \cdot Z_{(z-n)}}{Z_z} = - \sum_{m=1}^{z} \frac{\sin \dfrac{(n-a)\,m\pi}{z} \sin \dfrac{n \cdot m \cdot \pi}{z}}{z \cdot \left[2 + \cos \dfrac{m \cdot \pi}{z}\right]}$$

unter den Bedingungen $a \geqq 0$; $(n - a) \leqq n$.

Diese Beziehung sei um deswillen erwähnt, weil sie einen weiteren Beitrag für rationale Endwerte endlicher und unendlicher Sinusreihen liefert, wie es in Stahlbau 1936, S. 136/137 [2] die Gleichungen (10) bis (19) sowie ebendort auf S. 150 rechte Spalte die Summenformeln tun. Es erscheint daher möglich, auf dem Wege systematischer Arbeit alle rationalen Werte endlicher und unendlicher Sinus- und Cosinusreihen der Statik zu ermitteln.

Verfolgt man mit dieser Formel den Einfluß der Belastung der ungeraden Felder auf das Stützmoment eines Balkens mit gerader Feldanzahl (Abb. 24), so erhält man:

$$M_{nu} = \frac{\delta_{10}}{\delta_{12}} [\eta_1 + (\eta_2 + \eta_3) + \eta_4] = \frac{\delta_{10}}{\delta_{12}} \sum \eta.$$

Gleicherweise ergibt die Belastung der geraden Felder

$$M_{ng} = \frac{\delta_{10}}{\delta_{12}} [(\eta_1 + \eta_2) + (\eta_3 + \eta_4)] = \frac{\delta_{10}}{\delta_{12}} \sum \eta.$$

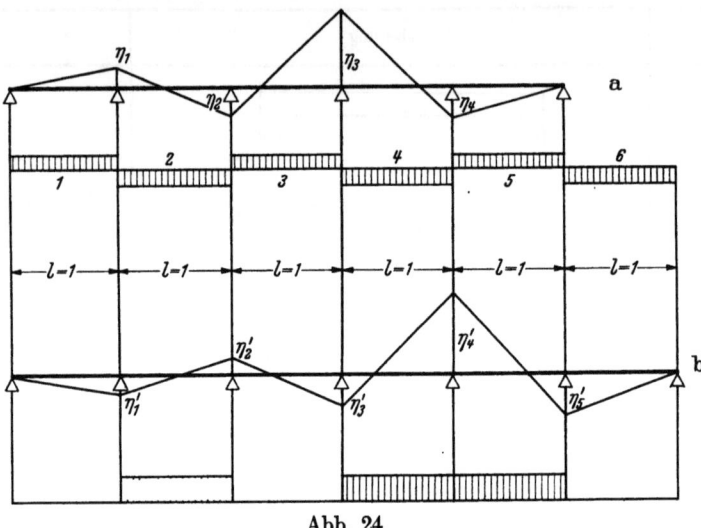

Abb. 24.

Für einen Balken mit ungerader Feldanzahl (Abb. 24b) erhält man wieder — getrennt für die geraden und ungeraden Felder:

$$M_{nu} = \frac{\delta_{10}}{\delta_{12}} [\eta_1' + (\eta_2' + \eta_3') + (\eta_4 + \eta_5')] = \frac{\delta_{10}}{\delta_{12}} \sum \eta,$$

$$M_{ng} = \frac{\delta_{10}}{\delta_{12}} [(\eta_1' + \eta_2') + (\eta_3' + \eta^4) + \eta_5'] = \frac{\delta_{10}}{\delta_{12}} \sum \eta.$$

Die β_{nn}-Linien vermitteln daher den bekannten Satz:

Bei Durchlaufbalken über gleichen Öffnungen mit gleicher, symmetrischer Feldbelastung ist der Einfluß der belasteten ungeraden Felder auf ein Stützmoment ebenso groß, wie der Einfluß der belasteten geraden Felder auf das gleiche Stützmoment

(94[15]) $$M_n = \frac{\delta_{10}}{\delta_{12}} \sum \eta.$$

In Abb. 24b ist noch das Belastungsschema zur Ermittlung des minimalen Stützmoments aufgetragen. Die Untersuchung ergibt:

(95) $$\min M_n = \frac{\delta_{10}}{\delta_{12}} (\eta_{\max} + \sum \eta).$$

Für verschiedene Lastfälle sind die Werte δ_{10}/δ_{12} für Durchlaufbalken über gleichen Öffnungen in Tafel VII zusammen mit den Werten Z_1 bis Z_{13} zusammengestellt.

Mit Hilfe der allgemeinen Zahlenzusammenhänge erhält man nun für beliebige Felderzahl und symmetrische Feldbelastungen die folgenden, den Winklerschen Zahlen proportionalen echten Brüche:

---

[15] In erweiterter Form wird er auch für die Berechnung kreuzweis bewehrter Eisenbetonplatten nach dem Näherungsverfahren von Marcus angewandt, das die Lastfälle $q' = g + \frac{1}{2} p$ und $q'' = \pm \frac{1}{2} p$ unterscheidet und den Lastfall q'' für den Balken auf zwei Stützen ansetzt; und zwar deswegen, weil für den Lastfall $q'' = \pm \frac{1}{2} p$ alle $M_n = 0$ werden.

Die belasteten ungeraden oder geraden Felder erzeugen:

I. Anzahl der Felder $2n+1$.

(94a) $$M^{(2n+1)}_{(2m+1)} = -\frac{\delta_{10}}{\delta_{12}} \frac{Z_{(n-m)}[Z_{(m+1)} - Z_m]}{Z_{(n+1)} + Z_n}; \qquad m \geqq 0\ ^{16}$$

(94b) $$M^{(2n+1)}_{2m} = -\frac{\delta_{10}}{\delta_{12}} \frac{Z_m[Z_{(n+1-m)} - Z_{(n-m)}]}{Z_{(n+1)} + Z_n}; \qquad m > 0\ ^{16}$$

II. Anzahl der Felder $2n$.

(94c) $$M^{2n}_{(2m+1)} = -\frac{\delta_{10}}{\delta_{12}} \frac{[Z_{(m+1)} - Z_m][Z_{(n-m)} - Z_{(n-1-m)}]}{Z_{(n+1)} - Z_{(n-1)}}; \quad m \geqq 0\ ^{16}$$

(94d) $$M^{2n}_{2m} = -\frac{\delta_{10}}{\delta_{12}} \frac{(a-2) Z_m Z_{(n-m)}}{Z_{(n+1)} - Z_{(n-1)}}; \qquad m > 0\ ^{16}$$

Für die größten Stützmomente erhält man nach Gleichung (95):

(95a) $$\min M^{(2n+1)}_{(2m+1)} = -\frac{\delta_{10}}{\delta_{12}} \frac{Z_{(n-m)}[Z_{(m+1)} - Z_m]}{Z_{(n+1)} - Z_n} \cdot \left[1 + \frac{[Z_{(m+1)} + Z_m][Z_{(n+1-m)} - Z_{(n-1-m)}]}{Z_{(n+1)} - Z_n}\right]; \quad m \geqq 0\ ^{17}$$

(95b) $$\min M^{(2n+1)}_{2n} = -\frac{\delta_{10}}{\delta_{12}} \frac{Z_m[Z_{(n+1-m)} - Z_{(n-m)}]}{Z_{(n+1)} + Z_n} \cdot \left[1 + \frac{[Z_{(m+1)} - Z_{(m-1)}][Z_{(n+1)} + Z_{(n-m)}]}{Z_{(n+1)} - Z_n}\right]; \quad m > 0\ ^{17}$$

(95c) $$\min M^{2n}_{(2m+1)} = -\frac{\delta_{10}}{\delta_{12}} \frac{[Z_{(m+1)} - Z_m][Z_{(n-m)} - Z_{(n-1-m)}]}{Z_{(n+1)} - Z_{(n-1)}} \cdot \left[1 + \frac{[Z_m + Z_{(m+1)}][Z_{(n-m)} + Z_{(n-1-m)}]}{Z_n}\right]$$
$$m \geqq 0\ ^{17};$$

(95d) $$\min M^{2n}_{2m} = -\frac{\delta_{10}}{\delta_{12}} \frac{(a-2) Z_m Z_{(n-m)}}{Z_{(n+1)} - Z_{(n-1)}} \cdot \left[1 + \frac{[Z_{(m+1)} - Z_{(m-1)}][Z_{(n+1-m)} - Z_{(n-1-m)}]}{(a-2) Z_n}\right]; \quad m > 0\ ^{17}.$$

Die Gleichung (90) bis (92) gelten auch für Durchlaufbalken mit ungleichen Öffnungen, wenn dabei $l/J =$ const ist. In diesem Falle gelten dann aber die Gleichungen (94a bis d) und (95a bis d) nicht mehr.

Mit den Gleichungen (94a bis d) und (95a bis d) ist für Durchlaufbalken über gleichen Öffnungen aber auch der Beweis geliefert, daß die Größe ihrer Stützmomente für eine beliebige Feldanzahl für bestimmte Belastungsfälle zahlenmäßig erfaßbar ist.

Noch einfacher liegt die Aufgabe bei dem Leweschen Fall ([9] und Fußnote [9]), wenn die Endfelder gleiche Stützweiten wie die Mittelfelder, aber ein größeres Trägheitsmoment besitzen. Dann wird mit

(96) $$\frac{\delta_{22}}{\delta_{12}} \text{ bis } \frac{\delta_{(z-1)(z-1)}}{\delta_{12}} = a; \quad \frac{\delta_{11}}{\delta_{12}} = \frac{\delta_{zz}}{\delta_{12}} = \frac{1}{2}\left[a + \sqrt{a^2 - 4}\right].$$

(97) $$\varphi = (\mp)\frac{1}{2}\left[a - \sqrt{a^2 - 4}\right],$$

(98) $$\beta_{nn} = \text{const} = -\frac{1}{\sqrt{a^2 - 4}}; \quad \beta_{n(n \pm m)} = \varphi^m \cdot \beta_{nn},$$

(99 [16]) $$\sum \eta = \sum \beta_{ni} = \beta_{nn} \frac{1 + \varphi - \varphi^n - \varphi^{(z+1-n)}}{1 - \varphi},$$

(100 [17]) $$\eta_{\max} + \sum \eta = \beta_{nn} \frac{2 - \varphi^n - \varphi^{(z+1-n)}}{1 - \varphi}.$$

---

[16] Als Grenzwert eines Balkens über unendlich vielen Feldern ergibt sich für die Stützmomente der geraden oder ungeraden Felder:

(94e) $$\lim M^{(n=2m)}_{(m=\infty)} = -\frac{1}{a+2}\frac{\delta_{10}}{\delta_{12}} = -\frac{1}{6}\frac{\delta_{10}}{\delta_{12}}.$$

[17] Als Grenzwert für einen Balken über unendlich vielen Feldern erhält man

(95e) $$\lim \min M^{(n=2m)}_{(m=\infty)} = -\frac{\delta_{10}}{\delta_{12}} \frac{1}{a+2}\left[1 + \sqrt{\frac{a+2}{a-2}}\right] = -\frac{1 + \sqrt{3}}{6}\frac{\delta_{10}}{\delta_{12}}.$$

Es gibt mithin genügend Möglichkeiten, für dreigliedrige Elastizitätsgleichungen zu allgemeinen Zahlenergebnissen zu gelangen, die den Versuch nicht aussichtslos erscheinen lassen, ähnliche Formeln für stetige harmonische Stockwerksrahmen (s. Abschnitt 12) und allseitig gelagerte viereckige Trägerroste aufzustellen.

Die Einflußlinien der Stabwerke mit beliebig gekrümmten Stäben.

20. Ermittlung von Einflußlinien mit Hilfe der Beziehung (33)

$$F_{(x)} = \int Q_P^{(0)} \cdot F'_{(x)} \, dx = - \int M_P^{(0)} \cdot F''_{(x)} \, dx.$$

In Verbindung mit den β_{nn}-Linien wurden bislang zur Hauptsache solche Stabwerke betrachtet, bei denen es möglich ist, aus der β_{nn}-Linie die Gleichung der Einflußlinie zu ermitteln. Ein solches Verfahren ist praktisch aber nur dann brauchbar, wenn folgende Voraussetzungen erfüllt sind:

1. Der Momentenverlauf M_i, den die statisch Überzähligen am statischen Hauptsystem erzeugen, muß sich noch durch eine einfache mathematische Gleichung wiedergeben lassen.

2. Ist dieses der Fall, so muß außerdem die Linie $\frac{M_i}{E \cdot J}$ noch einen Verlauf nehmen, der durch eine einfache mathematische Gleichung wiedergegeben werden kann.

Ist die zweite, oder sind beide Voraussetzungen nicht erfüllt, so ist es zweckmäßiger, andere Wege einzuschlagen.

Rechnerisch kann dabei auf die Beziehung Gleichung (33)

$$(33) \qquad F_{(x)} = \int_0^l Q_P^{(0)} \cdot F'_{(x)} \, dx$$

zurückgegriffen werden, wobei $F'_{(x)}$ die Querkraft zur Belastung

$$(24) \qquad -F''_{(x)} = \frac{\overline{M}_{\beta n}}{E \cdot J}$$

ist. Bei Vernachlässigung des Einflusses der Normal- und Querkräfte gelten dann Gleichung (28) und (29)

$$(28) \qquad c \int_0^l F'_{(x)} \, dx = 0,$$

$$(29) \qquad F_{(x)} = \int_0^x F'_{(x)} \, dx = \int_0^l Q_P^{(0)} \cdot F'_{(x)} \, dx.$$

Da unter den gegebenen Voraussetzungen die Durchführung der Integration praktisch nicht möglich ist, so wird sie durch die Summenbildung über kleine Stabelemente ersetzt.

Welchen Gang das Verfahren dabei nimmt, zeige das folgende Beispiel eines Kanalquerschnittes, bei dem die Möglichkeit besteht, die β_{ik}-Werte mit Hilfe der Determinantenrechnung zu bestimmen.

Beispiel: Ermittlung von Einflußlinien eines Eiprofiles mit Hilfe der β_{nn}-Linien.

Für einen zur Achse $y - y$ symmetrischen Rohrdurchlaß nach Abb. 25 sollen die Einflußlinien für die Schnittkräfte im Scheitel unter Berücksichtigung der wechselnden Trägheitsverhältnisse ermittelt werden.

Schnittkräfte im Scheitel sind:

1. Die Querkraft X, die eine Momentenlinie am geschnittenen System nach Abb. 26a erzeugt;
2. die Normalkraft Y mit einem Momentenverlauf nach Abb. 26b;
3. das Scheitelmoment Z mit einem Momentenverlauf nach Abb. 26c.

Der Symmetrie zur Achse $y - y$ wegen werden die Verformungen

$$(101) \qquad \delta_{xy} = \delta_{xz} = 0.$$

Die Einflußlinien der Stabwerke mit beliebig gekrümmten Stäben. 59

Die Unbekannte X ist unabhängig von den Unbekannten Y und Z.

Die Unbekannten Y und Z dagegen beeinflussen sich gegenseitig. Sie ermitteln sich aus den Gleichungen:

(102) $$\begin{vmatrix} \delta_{yy} \cdot Y + \delta_{yz} \cdot Z = -\delta_{y0} \\ \delta_{yz} \cdot Y + \delta_{zz} \cdot Z = -\delta_{z0} \end{vmatrix}$$

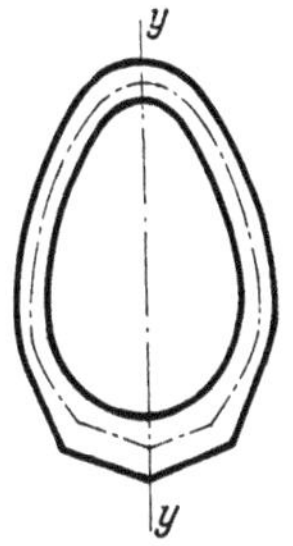

Abb. 25. 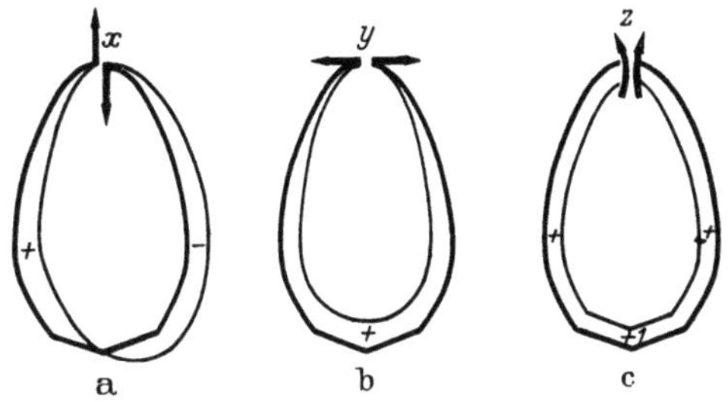 Abb. 26. 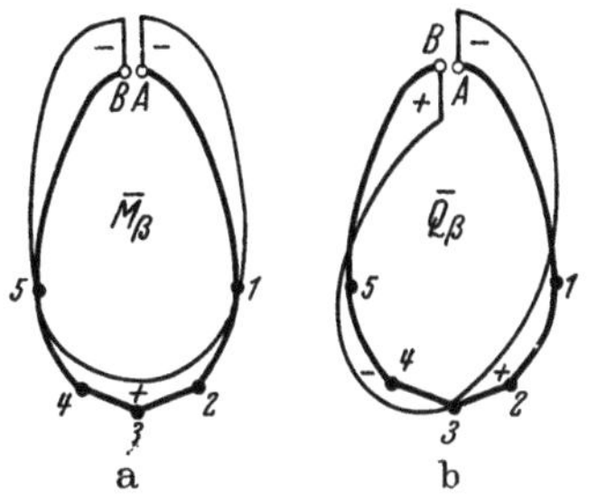 Abb. 27.

Der Elastizitätsmodul E sei über den Querschnitt konstant. Er werde daher $E/E_c = 1$ gesetzt. Man erhält dann die Verformungen:

(103) $$\delta_{yy} = \int M_y \cdot \frac{M_y}{J} ds,$$

(104) $$\delta_{yz} = \int M_z \cdot \frac{M_y}{J} ds = \int \frac{M_y}{J} ds,$$

(105) $$\delta_{zz} = \int M_z \cdot \frac{M_z}{J} ds = \int \frac{1}{J} ds.$$

Mit diesen zu ermittelnden Werten erhält man nach Gleichung (5):

(106) $$\beta_{yy} = -\frac{\delta_{zz}}{\delta_{yy} \cdot \delta_{zz} - \delta_{yz}^2},$$

(107) $$\beta_{yz} = +\frac{\delta_{yz}}{\delta_{yy} \cdot \delta_{zz} - \delta_{yz}^2},$$

(108) $$\beta_{zz} = -\frac{\delta_{yy}}{\delta_{yy} \cdot \delta_{zz} - \delta_{yz}^2}$$

und nach Gleichung (11)

(109) $$\overline{M}_{\beta y} = \beta_{yy} \cdot M_y + \beta_{yz} \cdot M_z,$$

(110) $$\overline{M}_{\beta z} = \beta_{yz} \cdot M_y + \beta_{zz} \cdot M_z.$$

Als Belastung des Stabes ist nach Gleichung (24) einzuführen:

(109a) $$-F''_{(y)} = \frac{\overline{M}_{\beta y}}{J},$$

(110a) $$-F'_{(z)} = \frac{\overline{M}_{\beta z}}{J}.$$

Ihren ungefähren Verlauf zeigt Abb. 27a. Sie muß den Verträglichkeitsbedingungen (12) und (13) genügen.

(109b) $$\int \frac{\overline{M}_{\beta y} \cdot M_z}{J} ds = 0; \quad \int \frac{\overline{M}_{\beta y} \cdot M_y}{J} ds = \mp 1,$$

(110b) $$\int \frac{\overline{M}_{\beta z} \cdot M_y}{J} ds = 0; \quad \int \frac{\overline{M}_{\beta z} \cdot M_z}{J} ds = \mp 1.$$

Dabei gilt das negative Vorzeichen, wenn M_y und M_z positiv angesetzt waren. Waren M_y und M_z dagegen negativ angenommen, so gilt das positive Vorzeichen.

Für die Belastungen (109a) und (110a) ist sodann die zugehörige Querkraftfläche $\overline{Q}_\beta$ für die abgewickelte Balkenlänge $A-1-2-3-4-5-B$ zu ermitteln, wobei A und B die Auflagerenden des Balkens darstellen. Der symmetrischen Belastung der Balkenhälften $A-3$ und $3-B$ wegen wird dabei $\overline{Q}_{\beta 3} = 0$. Die Querkraftfläche nimmt dabei einen Verlauf nach Abb. 27b.

Die Gleichung (29) für die Einflußlinie

$$(111) \qquad F_{(x)} = \int_0^x F'_{(x)}\, dx = \int_0^l \overline{Q}_\beta \cdot dx$$

gestattet nun, aus der Querkraftfläche $\overline{Q}_\beta$ der Abb. 27b drei verschiedene Einflußlinien zu ermitteln:

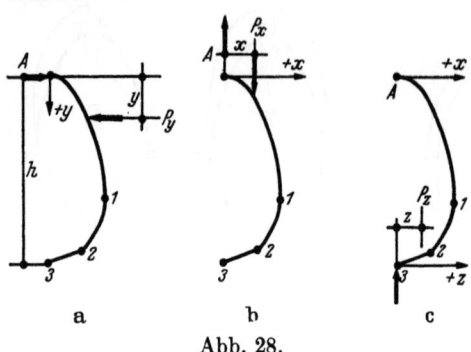

Abb. 28.

1. **Horizontaler Lastangriff P_y** (Abb. 28a)

$$(112) \qquad F_{(y)} = \int_0^y \overline{Q}_\beta \cdot dy$$

2. **Senkrechter Lastangriff P_x** (Abb. 28b), der Querschnitt ist im Scheitel aufgehängt

$$(113) \qquad F_{(x)} = \int_0^x \overline{Q}_\beta \cdot dx.$$

Dabei ist von Punkt A bis Punkt 1 $dx > 0$, von Punkt 1 bis Punkt 3 $dx < 0$.

3. **Senkrechter Lastangriff P_z** (Abb. 28c), der Querschnitt ist in Punkt 3 gestützt.

$$(114) \qquad F_{(z)} = -\int_A^3 \overline{Q}_\beta \cdot dx + \int_A^{Pz} \overline{Q}_\beta \cdot dx = \int_3^{Pz} \overline{Q}_\beta \cdot dz.$$

Dabei ist dz von Punkt 3 bis Punkt 1 $dz > 0$, von Punkt 1 bis Punkt A $dz < 0$.

Das Verfahren für die Querkraft X ist entsprechend durchzuführen. Der Unterschied besteht nur darin, daß die Auflagerdrücke der abgewickelten Balkenlänge für die Belastung $\dfrac{\overline{M}_{\beta x}}{J}$ errechnet werden müssen, da in diesem Falle $\overline{Q}_{\beta 3} \neq 0$ ist. Eine Kontrolle für die ermittelten Werte besteht dann darin, daß eine den Querschnitt symmetrisch beanspruchende Last — also z. B. die Last P_x im Punkte 3 — keine Querkräfte im Scheitel hervorruft. Es muß also für die Einflußlinie der Querkraft X im Scheitel $\int_A^3 \overline{Q}_\beta\, dx = 0$ werden.

Schlußbemerkung.

Die Frage, welche Mindestzahl frei wählbarer Unbekannter bei einem gegebenen, hochgradig statisch unbestimmten System zu erwarten ist, konnte für Rechteckrahmen, allseitig gelagerte viereckige Trägerroste und Durchlaufbalken befriedigend mit Hilfe des Verfahrens der β_{nn}-Linien gelöst werden.

Bei der Entwicklung dieses Verfahrens wurde dabei von den allgemein bekannten Gleichungen (4); (7) und (8) ausgegangen, von denen die Gleichung (7) und (8) zumeist angewandt werden, um bei der Berechnung statisch unbestimmter Systeme ermittelte β_{ik}-Werte nachzuprüfen.

Eine Ausdeutung dieser Gleichungen befaßte sich bislang zur Hauptsache mit dem statischen Inhalt der Gleichung (4): $X_n = \sum \delta_{ni} \cdot \delta_{i0}$, den z. B. Beyer in „Der Eisenbetonbau" II [6], S. 212/13, dahin erläutert, daß die Einflußlinie für die statisch Überzählige X_n als Biegelinie infolge der Belastung des Hauptsystems mit $\sum (X_i = \beta_{ni})$ entsteht. Ähnlich äußert sich Müller-Breslau in seiner graphischen Statik, 2 II, 1925 [5], wo er dem „Verfahren der β-Belastungen" einen besonderen Abschnitt widmet, ohne jedoch ein Verfahren darauf aufzubauen [18].

Wie die vorliegenden Ausführungen zeigen, ergibt die gleichzeitige Berücksichtigung des statischen Inhaltes der Gleichung (7) und (8), daß der Lastangriff $\sum (X_i = \beta_{ni})$ am statischen Hauptsystem identisch ist mit dem Momentenverlauf am statisch $(z-1)$-fach unbestimmten System infolge des Lastangriffes $X_n = \beta_{nn}$. Aus den β-Belastungen des Hauptsystems wird die β_{nn}-Linie des statisch unbestimmten Systems.

---

[18] Vgl. hierzu auch die Ausführungen von Pohl in der Zuschrift auf S. 140 im „Stahlbau" 1932.

Das Verfahren der β_{nn}-Linien gilt dabei gleichmäßig für Kraftgrößen und Formänderungsgrößen, da, wie das Beispiel des einstöckigen Rahmens im 9. Abschnitt zeigt, Formänderungsgrößen jederzeit als aus der Kombination mehrerer Kraftgrößen entstanden aufgefaßt werden können. Der gleiche Abschnitt zeigt aber auch, worin die von Hertwig in Stahlbau 1933, S. 145 [4] hervorgehobene teilweise Überlegenheit des „Formänderungsgrößen-Verfahrens" (abgekürzt: F-V) gegenüber dem „Kraftgrößenverfahren" (abgekürzt: K-V) zu suchen ist:

Sie wird mathematisch durch den Ablauf des Eliminationsverfahrens bei der Auflösung vielgliedriger Elastizitätsgleichungen bedingt, und prägt sich in der Determinante des Gleichungssystems durch die mehr oder minder große Anzahl von Elementen vom Werte „Null" aus. Je größer die Anzahl der „Null-Elemente", desto größer die Anzahl der „abhängigen" Unbekannten, desto kleiner aber die Zahl der „unabhängigen" Unbekannten.

Die Anzahl der „Null-Elemente" der Elastizitätsgleichungen kann nun zweifellos in manchen Fällen gesteigert werden, wenn statt der einzelnen Kraftgrößen Kombinationen mehrerer Kraftgrößen als Unbekannte eingeführt werden. Solche Kombinationen aber liefert die Betrachtungsweise des F-V als gegebene Größen, ohne im einzelnen deren Beziehungen zu den Kraftgrößen klarstellen zu müssen.

Der Erfolg dieser Anschauungsweise kann am vielstöckigen Rechteckrahmen abgemessen werden. Während das K-V günstigstenfalls zu achtgliedrigen Elastizitätsgleichungen führt, gelangt das F-V bei den β_{nn}-Linien zum Bleichschen Viermomentensatz.

Die Anschauungsweise des Verfahrens der β_{nn}-Linien zeichnet sich nun noch durch die besondere Vereinfachung aus, daß sie das Spiel der inneren Kräfte eines statisch unbestimmten Systems ohne Rücksicht auf die äußere Belastung verfolgt. Dies hat bei den behandelten Systemen einmal dazu geführt, daß die Anzahl ihrer frei wählbaren Unbekannten einwandfrei festgestellt werden konnte, zum anderen gelang es dadurch im 19. Abschnitt in den Gleichungen (94a bis d) und (95a bis d) den Einfluß bestimmter Belastungen auf die Unbekannten bestimmter Systeme zahlenmäßig zu erfassen. Da sich in die Gruppe dieser Systeme nach Abschnitt 12 auch die „harmonischen" Stockwerksrahmen [3] einordnen, erscheint es nicht ausgeschlossen, auch für diese Systeme zahlenmäßig den Einfluß einfacher Belastungsfälle auf die Rahmeneckmomente festzulegen [10].

Die β_{nn}-Linien wurden dabei unter der vereinfachenden Annahme behandelt, daß der Einfluß der Normal- und Querkräfte vernachlässigt werden darf. Soll er dagegen berücksichtigt werden, so ist an allen Stellen, an denen das Integral der Verformung auftritt, statt des gekürzten Integrals das vollständige Verformungsintegral einzusetzen. Während dadurch die Anzahl der frei wählbaren Unbekannten der Durchlaufbalken und allseitig gelagerten Trägerroste nicht geändert wird, entstehen bei Stockwerksrahmen besondere Bedingungen, die von den bisher ermittelten abweichen.

Schrifttums-Verzeichnis.

[1] Thoms, Zuschrift zum Aufsatz von Dr.-Ing. H. Buchenau, Erfurt: Zur angenäherten Auflösung dreigliedriger Elastizitätsgleichungen. Stahlbau 1936, S. 151/52. — [2] Thoms: Die Berechnung mehrfach symmetrischer Trägerroste mit Hilfe von Sinus-Gewichten. Stahlbau 1936, S. 138 f. und S. 147 f. — [3] Thoms: Die Berechnung harmonischer Stockwerksrahmen und Vierendeelträger mit Hilfe von Kreisfunktionen. Stahlbau 1937, S. 195 f. und 1938, S. 12 f. — [4] Hertwig, A.: Das „Kraftgrößenverfahren" und das „Formänderungsgrößenverfahren" für die Berechnung statisch unbestimmter Gebilde. Stahlbau 1933, S. 145. — [5] Müller-Breslau: Die graphische Statik der Baukonstruktionen. Erster Band. 5. vermehrte Auflage, 1912. Zweiter Band. I. Abteilung, 1922. II. Abteilung, 1925. Leipzig: Alfred Kröner. — [6] Beyer, Kurt: Die Statik im Eisenbetonbau. Eisenbetonbau, Entwurf und Berechnung. Bd. 2. Stuttgart: Konrad Wittwer 1927. Herausg. vom Deutschen Betonverein. — [7] Bleich, Fr.: Die Berechnung statisch unbestimmter Tragwerke nach der Methode des Viermomentensatzes. Zweite, vermehrte und verbesserte Auflage. Berlin: Springer 1925. — [8] Lewe, V.: Die Berechnung durchlaufender Träger und mehrstieliger Rahmen nach der Methode des Zahlenrechtecks. Borna-Leipzig: Robert Noske 1916. — [9] Lewe, V.: Die gleiche Formel für alle Träger über beliebig viele Felder mit gleicher Mittel- und $\frac{1}{2}\sqrt{3}$-facher Endsteifigkeit. Bauingenieur 1926, S. 529. — [10] Andruszewicz, St.: Berechnung hochgradig statisch unbestimmter Rahmentragwerke vom Standpunkt der zweckmäßigen Wahl der Überzähligen. Heft 44 der Forschungsarbeiten auf dem Gebiete des Eisenbetons. Berlin: Wilhelm Ernst & Sohn 1935.

MIX
Papier aus verantwortungsvollen Quellen
Paper from responsible sources
FSC® C105338

If you have any concerns about our products,
you can contact us on
ProductSafety@springernature.com

In case Publisher is established outside the EU,
the EU authorized representative is:
**Springer Nature Customer Service Center GmbH
Europaplatz 3, 69115 Heidelberg, Germany**

Printed by Libri Plureos GmbH
in Hamburg, Germany